국방혁신 4.0의 비밀코드

# 비대칭성 기반의 한국형 군사혁신

## (Asymmetric K-RMA)

신치범 지음
주은식 감수

(주)광문각출판미디어

# 비대칭성 기반의 한국형 군사혁신

이 책은 전통적 군사혁신 개념의 한계점을 인식하고 이를 극복할 수 있는 새로운 혁신적 버전의 군사혁신RMA 개념인 '비대칭성 기반의 한국형 군사혁신Asymmetric K-RMA' 개념을 제시한 후 논증하며 제2의 창군 수준으로 '국방혁신 4.0'을 추진하고 있는 한국군에 주는 함의를 제시한다.

1990년대 초 발생한 걸프전쟁에서 미국의 군사혁신RMA에 의한 새로운 전쟁 패러다임을 경험한 후, 주요 군사 선진국들은 미국의 군사혁신을 최상의 군사혁신 방법으로 인식하고 이를 벤치마킹하기 위해 앞다투어 새로운 기술에 의한 전력체계 혁신, 작전운용개념戰法 혁신, 구조 및 편성 혁신에 의한 전통적인 군사혁신RMA을 추구해 왔다.

그런데 전쟁에는 상대가 있고, 적보다 상대적 우위를 점할 수 있어야 최단기간 내 온전하게 승리할 수 있다. 이런 맥락에서 볼 때, 전통적 군사혁신을 추진하는 것만이 전쟁에서 승리하는 최상의 방법은 아니라는 것을 쉽게 알 수 있다. 그럼, '전통적 군사혁신을 대신해서 싸워 이기는 군대로 혁신하는 최상의 방법은 무엇이 있을까?'를 고민하는 연구 질문이 이 책의 출발점이었다.

이 질문에 답하기 위해 먼저 군사혁신의 본질인 전쟁의 성격과 방식을 근본적으로 변화시켜 전장의 판도를 바꾼다는 측면에 주목한다. 이때, 전통적 군사혁신 개념도 결국에는 새로운 기술로 촉발된 전력체계 혁신, 작전운용개념戰法 혁신, 부대구조 및 편성 혁신이 융·복합되어 상대와 비교해서 얼마나 비대칭성을 창출했는지 여부와 관련이 깊다는 것을 논리적으로 추론할 수 있다. 즉 적의 약점 중 가장 취약한 급소를 찌르는 비대칭성 창출에 집중하여 군사혁신을 추구할 때, 전통적 군사혁신을 추진하는 것보다 비교적 짧은 시간에 효율적으로 군사혁신을 추진할 수 있다는 장점을 식별하여 사례 분석을 통해 논증했다.

먼저 전통적 군사혁신의 한계는 러시아와 한국의 국방개혁을 분석하여 논증했다. 그 결과 적의 약점에 집중하지 않고 전반적인 분야에 걸친 군사혁신을 추진하다 보니 장기간 지속적인 추진이 필요하다는 점, 외부 위협에 대칭적이고 사후적으로 대응하는 군사혁신을 추진할 우려가 크다는 점 등의 한계점을 식별할 수 있었다.

이러한 한계점을 극복하기 위해 우크라이나와 중국의 군사혁신 사례를 분석하여, 군사혁신의 혁신적 버전인 '비대칭성 기반 군사혁신'의 효과를 검증했다. 이때 비대칭성의 본질을 규명하여 도출한 후 군사전문가박사급 10명들의 표면적 타당성 검토를 통해 실효성을 검증한,

비대칭성 창출의 4대 핵심 요인인 ① 수단·주체의 비대칭성, ② 인지의 비대칭성, ③ 전략·전술의 비대칭성, ④ 시·공간의 비대칭성으로 사례 분석을 진행했다.

그 결과 적의 급소를 찌르는 비대칭성에 집중하여 전통적 군사혁신보다 비교적 짧은 시간에 군사혁신의 효과를 거둘 수 있다는 점, High-Low Mix 개념의 전력체계 개발의 중요성, 인지전 Cognitive Warfare 수행 능력 확보가 긴요하다는 점, 초불확실한 미래 전장 양상에 효과적으로 대응하도록 임무형 지휘 기반 적응형 전략·전술 구사와 우주·사이버 전자기·인지 영역을 비롯한 전全 영역의 효율적 활용이 중요하다는 점 등의 시사점을 도출하였다. '국방혁신 4.0'을 추진하고 있는 한국군에 이러한 시사점을 적용할 수 있도록 전략적 접근방안까지 제시했다. 즉 '비대칭성 기반의 한국형 군사혁신 Asymmetric K-RMA' 추진을 위한 전략적 적용 방향을 제시하며 논의를 마무리했다.

한국군이 이 책에서 전략적으로 제안한 '비대칭성에 기반한 한국형 군사혁신 Asymmetric K-RMA'의 전략적 접근 방안으로 '군사혁신 4.0'에 성공한다면, 적이 감히 싸움을 걸어오지 못하는 부국강병富國強兵에 기초한 선진 강소국強小國으로서의 확고한 토대를 구축할 수 있을 것이다.

이 책을 접하는 대한민국 국민들은 누구나 '국방혁신 4.0'의 비밀 코드가 '비대칭성 기반의 한국형 군사혁신'이라는 것을 이해할 수 있으리라 기대한다.

# 추천사

『비대칭성 기반의 한국형 군사혁신』이라는 놀라운 제목의 신치범 박사 저서가 출판되었다. 박사논문을 작성할 때부터 치밀한 준비와 연구를 지켜본 입장에서 축하하고 형설의 공에 대하여 높은 찬사를 보낸다.

인구 절감의 시대에 싸워 이기는 군대를 만들기 위한 우리 군의 노력은 절박하면서도 처절하다. 러시아·우크라이나 전쟁이 계속되고 있는 상황하에서 중동에서도 팔레스타인 소속 하마스가 이스라엘을 공격하여 많은 인명 손실을 냈다. 세계 경찰국가 역할을 하였던 미국은 경제적 어려움과 중국의 헤게모니 도전으로 인하여 과거처럼 주도권을 행사하기가 어려워졌다. 동맹과 파트너 국가를 규합하여 중국의 도전을 물리치기 위한 인도·태평양 전략을 공고히 해야 하는 상황에서 전쟁의 불길이 도처에서 일고 있다.

핵과 미사일로 무장한 북한의 김정은은 지난 9월 13일, 러시아 보스토치니에서 러시아의 푸틴과 회동하고 러시아에 무기와 탄약을 제공하고 북한이 필요로 하는 군사기술을 전수받기로 합의한 이후 컨테이너 1,000개 이상의 물자 이동이 포착되었다. 탄약으로 고려할 때

약 40만 발 이상의 물자가 러시아에 제공되었는데, 이는 김정은과 푸틴이 회동하기 전에 러시아 국방장관 쇼이구가 협상을 벌여 이미 합의가 이루어졌고, 이를 확정하는 회의에 불과함이 드러났다.

현재 우리 군은 국방혁신 4.0으로 '과학기술군'을 지향하고 있다. 하지만 과학기술은 수단인데 과연 개혁의 목표로 타당한가 하는 점에서 많은 사람이 의문을 갖고 있었지만, 과학기술이 전략과 전술의 변화를 선도하는 시점에서 교리 발전을 추동하고 있다는 면에서 누구도 토를 달 수 없는 상황에 이르렀다. 하지만 이러한 분위기 속에서 전통적 군사혁신만으로 과연 전장의 판도를 변화시키고 싸워 이길 수 있느냐고 명확한 목소리를 내는 장교가 우리 군에 있다는 것이 여간 다행스럽지 않다.

이 책은 이러한 우리 군이 안고 있는 한계점을 극복하기 위해 신치범 박사가 러·우 전쟁과 중국의 군사혁신을 분석하여 '비대칭성 기반 한국형 군사혁신Asymmetric K-RMA'이라는 횃불을 높이 들고 이것이 우리가 진정 개혁을 성공시킬 수 있는 '비장의 방안'이라고 외치고 있다. 그는 비대칭성을 창출하는 요인을 4개로 들면서 수단과 주체, 인지, 전략·전술, 시공간의 비대칭성에 관한 사례를 분석 도출하였다. 우선 저자의 논지는 과학기술군을 지향하는 한국군이 전투 효율성과 전승을 보장하기 위하여 유무인 복합 전투체계와 무인 전투체계를 구축해야 함을 강조하고, 합동성 발휘 보장을 위한 육군의 아미타이거 추진과 병행하여 반드시 고려해야 할 요소를 시의적절하게 제시하였다고 본다.

그는 시공간의 비대칭성 극대화 달성에 있어 결심 주기 단축을 위해 C4I 및 ISR 자산의 확보가 긴요함을 강조하였고, 다영역 작전 수행을 위한 우주 사이버전 수행 역량 확보가 필요함을 주장하고 있다.

러시아·우크라이나 전쟁에서 우리의 예상보다 일찍 무기화한 드론의 활용성과 가치에 주목하면서 감시정찰, 전자전, 통신, 타격 수단 등 다양한 방식으로 전장에서 활용되는 저가형 무기체계로 드론의 적극적인 활용을 주장하고 있다. 또 하나는 국방혁신 4.0에서 간과하고 있는 교육과 인재 활용의 중요성에 초점을 맞추고 있다는 면에서 신선한 자극을 주고 있다. 전장의 무기체계가 아무리 발달한다 해도 결국 전쟁의 승패를 좌우하는 것은 사람임을 직시하고, 국방 엘리트를 양성하고 활용하는 시스템을 정착시켜야 함을 힘주어 강조하고 있다.

사이버전과 인지전의 중요성에 대해서도 추세 분석을 통하여 현재의 주변국의 위협을 분석·제시하면서 군뿐만 아니라 국가 차원에서 전략적 커뮤니케이션을 포함한 공보작전을 전개하는 중요성과 종합 대책 수립이 시급함을 일깨워 주었다.

무엇보다 그는 이러한 비대칭성 기반의 군사혁신이 추동력을 갖기 위해서는 대한민국 간부들, 특히 장교단이 창의적인 사고와 융합적 사고를 통한 통섭Consilience의 전문가가 되어야 함을 주장한다. 이러한 통섭의 전문가가 되기 위해서는 기존의 전술과 개념에 관점을 달리하는 창의적 사고를 통하여 시너지 효과를 달성해야 한다고 주장하고 있다. 이를 통해 군의 간부들이 싸워 이길 수 있는 전략적 리더십을 갖춘 인재로 거듭나야 한다고 주장한다.

나아가 한반도 작전전구KTO 환경에 부합하는 비대칭 공세 전략을 개발해야 적을 압도한다고 할 수 있으며, 한반도 주변의 지정학 및 기정학적技政學的 변화에 능동적 대처가 가능하다고 강조하였다. 한국판 비대칭 공세 전략은 적의 급소를 찾아 한국군의 강점으로 적의 급소를 타격하는 비책의 총합으로 볼 수 있다. 항상 전쟁사를 깊이 연구하고 군의 미래 모습을 그리면서 최근에는 인지전과 중국의 3전을 비롯한 초한전에 대한 대비책을 제시하고, 세미나에서도 탁월한 시각으로 군 발전 방향을 제시하는 저자는 위관 시절부터 인연을 맺어 온 군사전문가이다. 끊임없이 사고하고 고민하는 신 박사는 교학상장敎學相長을 통해 "배우는 데 염증을 느끼지 않았고, 가르치는 데 권태로움을 느끼지 않는 학불염 교불권學不厭 敎不倦"의 자세를 견지했고 선배를 능가하는 '청출어람'의 모습을 보여 주었다. 전쟁사를 통해 미래를 예측하고 미래전 및 전략 관련 분야에서 탁월한 안목으로 통찰을 제시했다.

박사학위 논문을 보완하여 일반인들이 이해하기 쉽도록 예를 들고 논증을 한 이 책이 미래를 준비하는 우리 군 개혁의 등댓불이 되고 나침판을 제공해 주며 방향을 확실히 제시하고 있다. 부국강병을 걱정하는 국민들과 군 간부들이 반드시 읽어 보고 같이 고민해야 할 사항을 선제적으로 제시한 이 책이 많은 분에게 큰 공감을 야기할 것으로 확신한다.

2024. 2. 15.
한국전략문제연구소장 주은식

# 추천사

책을 벗한다는 것은 언제나 즐겁지만, 그 책의 탄생에 관여한다는 것은 부담스럽기 마련입니다. 이 추천사를 작성한 저의 솔직한 마음입니다. 그렇지만 건양대학교 군사학과 신치범 교수님은 저와 적지 않은 시간 동안 육군미래혁신연구센터에서 군사혁신Revolution in Military Affairs을 연구한 전우이기에 오랜 고심 끝에 추천사를 쓰게 되었습니다.

신 교수님은 육군의 변혁 시기에 육군의 군사혁신을 위해 헌신하셨고, 그 결과는 육군의 미래 전투체계인 ArmyTIGER에 잘 나타나 있습니다. 그리고 제목만 들어도 솔깃한 이 책에 그간의 노력이 잘 투영되어 있습니다. 그렇기에 이 책을 미래 육군이 나가야 할 방향으로 삼아도 무방할 것 같습니다.

즐거운 마음으로 신 교수님께서 넘겨주신 초고를 받아보았습니다. 개인적으로 가장 눈에 띄는 키워드는 '선택과 집중'과 '비대칭성'이었습니다. 그리고 이 두 키워드를 중심으로 옥고를 다시 한번 탐독한 결과 '국방혁신 4.0'에 대한 신 교수님의 신념이 서서히 가시화되었습니다.

신 교수님은 한반도에 다가올 위협과 도전의 중심Center of Gravity, 이른바 급소에 천착穿鑿하셨습니다. 또한, '국방혁신 4.0'도 이 급소를 민·관·군·산·학·연의 집단지성을 활용하여 지혜롭게 선택하고, 국가적 차원의 노력을 집중해야 한다는 탁견卓見을 제시하셨습니다. 이 책의 제목인『국 방혁신 4.0 비밀코드 비대칭성 기반의 한국형 군사혁신Asymmetric K-RMA』에 이와 같은 신 교수님의 노력이 고스란히 담겨 있습니다.

이 책을 읽으면서 가장 흥미로웠던 점은 다음 두 가지입니다. 첫째, 현재 진행되고 있는 우크라이나·러시아 전쟁의 주인공인 우크라이 나와 러시아, 그리고 현재 한반도 주변에서 미국과 전략적 경쟁을 펼 치고 있는 중국의 군사혁신 사례를 제시했다는 것입니다. 둘째, 비대 칭성 창출의 4대 핵심 요인인 수단과 주체, 인지, 전략·전술, 시·공간 측면에서 전술前述한 국가들의 군사혁신을 분석하여 타산지석他山之 石으로 삼아야 할 사항을 적시했다는 것입니다. 특히 이런 비대칭성 기반의 군사혁신이 성공하기 위해서는 '사람'이 무엇보다도 중요하다 는 신 교수님의 주장은 이 책의 백미白眉였습니다.

이와 같은 신 교수님의 노력과 그 노력의 산물로 나타나는 흥미를 여러분과 기꺼이 공유하고 싶습니다. 여러분과의 공감대 형성은 현재 우리 군이 추진하고 있는 '국방혁신 4.0' 성공의 밑거름이 될 것입니 다. 이에 여러분께 일독을 정중히 권해드립니다.

마지막으로, 국가에 대한 사랑을『국방혁신 4.0 비밀코드 비대칭 성 기반의 한국형 군사혁신Asymmetric K-RMA』으로 보여 주신 신 교 수님께 진심으로 감사드립니다.

우크라이나·러시아 전쟁 2주년이 되는 2024년 2월 24일,
(사)창끝전투 학회장 조상근 KAIST 연구교수

# 추천사

끊임없이 혁신하지 않는 군대는 전쟁에서 결코 승리할 수 없고 국민으로부터도 신뢰받을 수 없다는 것은 역사를 통해서 우리가 볼 수 있으며 특히 최근 우크라이나와 러시아의 전쟁, 이스라엘과 하마스의 전쟁에서 우리는 그러한 사실을 확인할 수 있다.

그런 가운데, 탁월한 통찰력과 통섭의 능력을 지닌 신치범 교수로부터 '국방혁신 4.0의 비밀코드, 비대칭성 기반의 한국형 군사혁신'이라는 제목의 책에 대한 추천사를 요청받아 책을 정독하게 되면서 본인은 이 책이 우리 한국군에게 너무나 중요한 책이 될 것이라는 사실을 확신하게 되었다.

저자는 군사혁신의 이유를 '싸워 이기는 군대로 만들기 위함'으로 명확히 정의한 가운데 전통적 군사혁신이 가진 한계를 분석하였고 그러한 한계를 극복하기 위한 새로운 군사혁신으로 비대칭성 기반의 한국형 군사혁신의 방안을 수단·주체의 비대칭성, 인지의 비대칭성, 전략·전술의 비대칭성, 시·공간의 비대칭성 등 4가지 핵심요인을 바탕으로 제안하였다.

특히 저자는 오늘날 빠르게 발전하는 로봇, 인공지능, 우주 등에 대한 최신 과학기술을 접목한 비대칭성 기반의 군사혁신 방안을 제시하였는데 이는 실재에 기반한 것으로 향후 미생물처럼 변화할 미래에도 우리가 어떻게 비대칭성 기반의 군사혁신을 해야 할지에 대한 함의를 제공한다.

또한 저자는 제안한 내용을 과학적 설문기법을 통해 군사전문가들로부터 검증을 받음으로써 이 책에서 주장하고 있는 제안에 대한 신뢰성을 확보하고자 하였는데 이는 이 책을 읽을 독자로 하여금 책의 내용에 대한 더욱 큰 신뢰를 줄 수 있을 것이라 생각한다.

아울러, 146개의 국내외 저서, 논문, 기사들을 통한 다양한 문헌 연구들은 이 책의 내용이 얼마나 체계적이며 정교하게 서술되었는지를 알 수 있게 하는데 저자의 분석능력과 통섭의 능력과 더해져 그 내용을 읽다보면 책을 손에서 내려놓을 수 없게 되었다.

우리 한국군은 오늘날, 제 2의 창군 수준으로 국방혁신 4.0을 추진하고 있다. 국방혁신 4.0과 관련한 다양한 의견들이 제안되는 상황에서 새롭게 출간되는 이 책은, 한국군의 국방혁신 추진에 대해 동의하고 참여하는 모든 이들에게는 반드시 읽어보아야 하는 필독서가 되리라 확신한다.

이 책이 군사혁신과 관련한 한 개의 답안이 될 수는 없겠지만 이 책을 통해 군사혁신에 대한 공감대가 형성되고 올바른 방향으로의 군사혁신이 이루어질 수 있기를 국민의 한 사람으로써 기대하며 응원한다.

2024년 2월 27일

국방로봇학회 총무부회장 / 배재대학교 드론로봇공학과 차도완 교수

# 추천사

신치범 박사의 각고의 노력으로 잉태한 이 책을 추천하게 되어 무한한 영광이다. 처음에는 육군 병장으로 제대한 내가 군사전문가의 심도 있는 철학이 담긴 책을 추천할 자격이 있는지 고민하였다. 하지만 처음 신치범 박사를 만났을 때 느꼈던 군을 사랑하는 그의 열정적이고 순수한 마음과 4차 산업혁명 시대 군 개혁을 위해 필요한 과학적 신념을 잘 알고 있기에, 군을 사랑하는 과학기술인 관점에서 이 책을 읽은 감상을 여러 국민에게도 알리고 싶어서 추천사를 남긴다.

내가 처음 신치범 박사를 만났을 때, 그는 제2 창군 수준의 혁신을 추진하고 있는 육군에서 AI와 로봇으로 대표되는 지상 유·무인 복합 전투체계 Army TIGER로 미래 육군을 디자인하고 있었다. '위험으로부터 사람을 보호하는 로봇'을 만들자는 철학으로 우리 병사들의 생명을 보호할 수 있는 '국방 로봇'을 개발하기 위해 군과 소통하고 있을 때, 육군미래혁신연구센터에서 근무하는 신치범 당시 중령을 국방 수도 계룡에서 만난 것이다. 첫 만남이었지만, 이야기를 나눌수록 군인과 민간인, 이과와 문과의 벽은 허물어지고, 어느새 흉금을 터놓고 우리 군의 미래에 대한 서로의 생각과 철학을 교감하는 친구가 되었다. 우리 군의 혁신에 대해 말하면서 20대 청년의 눈빛처럼 반짝이던 신치범 중령의 고민과 사색은 3년여 주경야독晝耕夜讀을 감내하면서 박사학위논문으로 승화되었다. 논문집을 나에게 내밀던 신박사는 고행을 마친 선각자의 맑은 눈빛을 내비치고 있었다. 그 논문집을 다듬어 전문가가 아닌, 일반인들도 읽을 수 있는 책으로 발간한다니 반갑기 그지없다. 변화무쌍한 국제 정세와 대한민국의 안보 상황 속에서 우리 군이 나아가야 할 방향에 대하여 고찰한 '비대칭성 기반의 한국형 군사혁신Asymmetric K-RMA' 추진 개념과 제2의 창군 수준의 국방개혁을 위한 5가지 제안은 매우 뜻깊고 군에 대한 신뢰를 두텁게 한다.

끝으로 신치범 박사가 존경하는 세종대왕께서 세상의 지혜를 모아 학자들과 함께 풀어내는 '집현' 정신과 거북선, 판옥선, 총통의 새로운 전략과 기술로 열세의 전장을 뒤집은 민족의 성웅 이순신 장군의 혁신적 마인드•애국심을 간직한 채, 29년간의 군 생활을 마치고 미래 육군의 주인공인 후학을 양성하게 된 신치범 교수의 힘들지만 즐겁고 지루하지만 행복한 '연구'라는 바다에서의 항해를 응원한다.

2024년 2월 20일

한국생산기술연구원 수석연구원 / 국방로봇학회 기획부회장 조정산 박사

# 추천사

　본인이 건양대학교 군사학과 교수로 재직 시, 이 책의 저자 신치범은 박사과정 중인 현역 장교였다. 매사에 적극적이고 부지런하며 솔선수범했던 매우 아끼던 학생이자 후배였다. 2022년 말 박사학위 논문에 대한 검토를 의뢰해 와서, 그것을 검토하면서 새로운 군사혁신 개념인 '비대칭성 군사혁신' 개념을 만들어 낸 것이 상당히 돋보였다.

　1990년대 말경 국방부장관 직할의 군사혁신기획단이 창설될 때, 본인은 국방부 연구개발관실에서 파견되어 전력혁신분야 일원으로 참여한 바 있다. 故 권태영 박사를 단장으로 한 RMA기획단은 군사혁신 개념을 바탕으로 중·장기 한국군이 나아가야 할 비전과 방향을 제시하는 데 주력하였다. 돌이켜보면 RMA기획단이 제시하였던 대부분이 실제 거의 다 이루어졌다. 물론 시간이 걸렸었지만….

　그는 저서에서 종전에 우리가 추진했던 군사혁신은 외부 위협에 대칭적이고 사후적으로 대응하는 전통적 군사혁신, 즉 대칭적 군사혁신이라고 단언하면서 이런 접근 방식으로는 최단기간 내 최소 희생으로 최대 효과 창출을 추구하는 새로운 전쟁의 패러다임에 부적합하다고 주장한다.

수단·주체, 인지, 전략·전술, 시·공간 등 네 가지의 비대칭성 창출의 핵심 요인을 선정하여 새로운 군사혁신 개념인 '비대칭성에 기반한 한국형 군사혁신Asymmetric K-RMA' 개념으로 '국방혁신 4.0'을 단행하자고 제안하고 있다.

그러면서 적의 급소를 찔러 온전한 승리를 추구하는 '비대칭성 기반의 한국형 군사혁신'을 추구해 나간다면 최단기간 내 최소 희생으로 최대 효과를 창출할 수 있을 것이라고 저자는 말하고 있다.

매우 창의적인 발상의 전환이라고 칭찬하고 싶다.

물론 저자가 제시한 전략적 접근 방법 중 일부는 현 정부가 내세운 국방혁신 4.0의 세부 추진 계획 면에서 크게 다르지는 않다고 본다.

왜냐하면 국방혁신 4.0을 군사전략 면에서 보면 군사전략 목표를 '신속 결정적 승리'에 두고, 최단기간에 최소 피해로 승리하기 위해 정보 지능화 우세 전쟁에 부합되게 지휘 구조, 전력 구조, 부대 및 병력 구조를 변환하거나 전환한다는 것이기 때문이며, 우리 군의 최종 목표를 경쟁 우위의 AI 과학기술 강군을 육성하는 것으로 하였기 때문이리라.

주체의 비대칭성 극대화를 위해 국가급 인재를 활용하고, 평시부터 인지의 비대칭성 확보를 위해 인지전 수행 능력을 극대화하며, 4차 산업혁명 시대 비대칭성 기반 군사혁신의 주역이 될 한국군 간부들의 창의력을 함양하고, 새로운 상황에 부딪혀서도 이를 헤쳐 나갈 리더로 키우자는 내용은 무척이나 공감된다.

한국군 장교들이라면, 그리고 관련 기관 및 부서에 근무하는 분이라면 이 책을 읽어 보기를 적극 추천한다. 이 책에서 주장하는 비대칭성 기반의 군사혁신 개념으로 현 정부의 국방혁신 4.0를 추진하고 완성해 나간다면 우리 군 및 우리의 앞날은 더 빠른 기간 내 더 밝아질 것이라 확신한다.


2024년 2월 18일
국방산업연구원 R&D 센터장 황호경 박사

# 목차

# [그림 목차]

# [표 목차]

# 제 **1** 장

# 서론

# 제1장

# 서론

## 제1절 문제 제기 및 연구 목적

한국군은 군사혁신Revolution in Military Affairs을 "새로운 기술을 응용하여 새로운 전력체계를 만들 경우, 이와 관련된 작전운용개념戰法과 구조·조직을 혁신적으로 발전시켜 상호 결합함으로써 전쟁의 성격과 방식을 근본적으로 변화시키는 것이다"라고 보고 있다.[1] 한국군은 이러한 전통적 군사혁신[2] 개념을 1990년대 말에 도입하여 지금까지 국방개혁에 적용해 왔고, 현재 추진하고 있는 '국방혁신 4.0'[3]

---

1) 육군미래혁신연구센터, 『(군사혁신 사고과정 정립』(충남 계룡: 국군인쇄창, 2020), p.20.

2) 군사혁신의 구체적인 의미는 이 책 '제2장 제1절 군사혁신과 비대칭성의 본질' 부분을 참고하기 바란다.

3) '국방혁신 4.0'이란, "4차 산업혁명 과학기술 기반의 핵심 첨단 능력을 확보·운용하고, 이를 위해 국방 연구·개발(R&D)과 전력증강체계, 국방과학기술, 군사전략·작전개념, 군구조·운영 등을 재설계·개조함으로써 경쟁우위의 AI 과학기술 강군으로 거듭나는 것"이다. "국방혁신4.0의 '4.0'은 4차 산업혁명 첨단기술 기반의 국방을 새롭게 창출하는 상징적 의미인 동시에 창군 이래 국방의 획기적 변화를 추구하는 4번째 계획이라는 의미를 담고 있다." https://www.news1.kr/articles/?4753555 (검색일: 2022.8.1.) '국방혁신 4.0' 1차 세미나 패널토의 참고자료, 2022.8.12., 육군회관), p.8-3.

의 추진 개념도 전통적 군사혁신 개념이 근본적인 토대이다.

이러한 전통적 군사혁신 개념은 1990년대 초 걸프전쟁 이후 주요 선진국들이 경쟁적으로 현대전에 부합하는 군대로 혁신하기 위해 추진한 전형적인 모습이다. 걸프전쟁 이후 현재까지 군대를 혁신하는 전형적인 최상의 방법이 전통적 군사혁신을 추구하는 것이기에, 현재 한국군이 제2 창군의 수준으로 군대를 혁신하기 위해 '국방혁신 4.0'을 추진하는데 이러한 전통적 군사혁신 개념을 적용하는 것은 타당하다.

그런데 전쟁은 상대가 있는 것이고 그래서 상대보다 상대적 우위를 점할 수 있어야 최단기간 내 최소 희생으로 전쟁에서 온전하게 승리할 수 있다. 이런 맥락에서 볼 때, 전통적 군사혁신을 추구하는 것만이 전쟁에서 승리하는 최상의 방법은 아니라는 것을 쉽게 알 수 있다. 그럼 '전통적 군사혁신을 대신해서 군대를 혁신하는 최상의 방법은 무엇이 있을까?'라는 고민이 이 책의 출발점이었다.

이러한 고민을 해결하기 위해 먼저 군사혁신의 근본 취지인 전쟁의 성격과 방식을 근본적으로 변화시켜 전장의 판도를 깬다는 측면에 주목했다. 이때 전통적 군사혁신 개념도 결국에는 새로운 기술로 촉발된 전력체계 혁신, 작전운용개념戰法 혁신, 구조 및 편성 혁신이 융·복합되어 상대와 비교해서 얼마나 비대칭성을 창출했는지 여부와 관련이 깊다는 것을 논리적으로 추론할 수 있다. 즉 적의 약점 중 가장 취약한 급소를 찌르는 비대칭성 창출에 집중하여 군사혁신을 추구할 때, 전통적 군사혁신을 추진하는 것보다 비교적 짧은 시간에 효율적으로 군사혁신을 추진할 수 있다는 장점을 식별할 수 있다.

이런 관점에서 비대칭성 창출을 논할 때 이반 아레귄 토프트Ivan Arreguin-Toft 보스턴대학 교수의 현대 전쟁 분석은 유용한 길잡이가 된다.[4] 전력 차이가 10배 이상 되는 강대국과 약소국의 대결인 비대칭 전쟁 중 1800년부터 1998년까지의 사례 197개를 분석해 본 결과, 강대국이 이긴 경우는 70.8%였다는 것이다. 모든 면에서 상대가 되지 않는데 어떻게 약소국이 10번 중에서 3번이나 강대국을 이겼을까? 약자들이 어떻게 강자들을 이길 수 있었을까?

이반 아레귄 토프트는 군사적 측면에서 "비대칭 전쟁의 승패는 군사력의 운용, 즉 군사전략에 달려 있다"라고 주장한다. 그는 강자와 약자가 동일한 전략을 사용할 경우 강자가 승리하나 상이한 전략을 채택할 경우 약자도 승리할 수 있다고 역설했다. 즉 약자의 창의적인 군사전략[5]이 강자에게 비대칭성으로 작용하여 결국 그 비대칭성 창출이 전쟁에서의 승리로 이어졌다는 것이다.

상식적으로 10kg 아이와 100kg 성인이 싸우면 당연히 성인이 이겨야 정상이다. 더 흥미로운 점은 <표 1-1>에서 정리된 바와 같이 현대로 올수록 약소국의 승률이 높아지고 있다는 것이다.

---

4) Ivan Arreguin-Toft, "How the Weak Win Wars: A Theory of Asymmetric Conflict," *International Security*, Vol.26, No.1(2001), pp.93~128.

5) 이 책에서 사용하는 군사전략은 군사력 운용에 관한 방법을 뜻한다. 박창희, 『군사전략론』(서울: 도서출판 플래닛미디어, 2019), pp.143~148.

<表 1-1> 강대국과 약소국 전쟁 결과 약소국 승률

| |
| --- |
| • 1800~1849년 기간에는 강대국이 88.3%, 약소국이 11.8% 승리했다. |
| • 1850~1899년 기간에는 강대국이 79.5%, 약소국이 20.5% 승리했다. |
| • 1900~1949년 기간에는 강대국이 65.1%, 약소국이 34.9% 승리했다. |
| • 1950~1998년 기간에는 강대국이 45.0%, 약소국이 55.0% 승리했다. |

* 출처: Ivan Arreguin-Toft, "How the Weak Win Wars: A Theory of Asymmetric Conflict," International Security, Vol.26, No.1(2001).p97.

11.8%였던 약소국 승률이 1998년에 이르러 무려 55%로 올라갔다. 사람과 사람이 몸을 부대끼며 싸웠던 재래식 전쟁과 달리 현대전에서는 오히려 약소국 승률이 더 높아지고 있다. 이런 맥락에서 볼 때, 불확실성이 더욱 농후해질 초불확실성이 지배할 미래로 갈수록 약자가 강자에게 승리할 수 있는 확률이 높아질 것이라는 추론이 가능하다. 불확실성으로 인해 약자가 강자에게 적용할 비대칭성 창출의 가능성이 더욱 커질 것이기 때문이다.

『약자들의 전쟁법』에서도 저자는 약자가 강자를 이길 수 있는 강력한 무기가 차별화라고 강조한다[6]. 저자는 약자는 강자가 정한 게임의 법칙을 거부하고, 그 틀에서 벗어나야 한다고 말한다. 약자에서 벗어나려면 가장 먼저 할 일이 '새로운 게임 규칙'을 찾거나 자기에게 유리한 상황을 만드는 것이다. 강자가 설정한 무대 위에서 똑같이 춤추는 것은 바보나 하는 짓이라고 주장하기도 한다. 결국 약자들은 강자들이 만들어 놓은 틀frame을 벗어나기 위해 비대칭성을 창출해야 함을 강조하는 것이다.

---

6) 박정훈, 『약자들의 전쟁법』(서울: 어크로스, 2017), pp.10~13.

1999년 중국 공군 대령 차오량喬良·현 공군소장 겸 국방대학 교수과 왕샹수이王湘穗·현 북경항공항천대학 교수가 공동 집필한 『초한전超限戰』은 '중국과 같은 나라가 기술적으로 우수한 상대인 초강대국 미국을 어떤 다양한 방법으로, 어떻게 이길 수 있는가?'를 연구한 책이다.

저자인 차오량과 왕샹수이에게 1991년 걸프전쟁은 중국에 전례 없는 강력한 충격이었고, 미래의 전쟁이 매우 새로운 모습으로 전개될 것임을 일깨워 줬다. 또한, 1996년 대만해협 위기는 저자들로 하여금 중국이 단기간에 무력으로 미국에 대항할 수 없다면 반드시 비대칭성 논리를 개발해 필적하는 다른 방식을 발전시켜야 한다는 생각을 굳히게 했다. 그래서 모택동의 인민전쟁 사상을 기초로 서방의 첨단과학기술을 결합하고, 모든 극단적인 수단들을 포함한 미래 전쟁의 제반 요소를 분석해 전혀 새로운 각도에서 새로운 전쟁의 양상을 조망해 냈다.

『초한전』은 "반드시 지켜야 하는 일부 전쟁 원칙을 제외하고는 모든 한계를 타파하자는 것이 초한超限 사상의 본래 의미이며, 그 원칙도 특수한 상황에서는 언제든지 깨어버릴 필요와 가능성이 있다"라고 밝혔다. 전쟁 중에는 어떠한 한계도 초월해 무한無限의 수단으로 유한有限의 목표를 달성해야 하고, 목적을 달성하기 위해 수단과 방법을 가리지 않는 것이 '초한전'의 사상적 핵심이다.[7]

---

7) '초한전'은 국제사회에서 새로운 군사용어로 보편화되어 있다. 현재 '초한전'은 중국에서는 '정보화 국지전 승리' 전략 방침의 지주 이론 중 하나로서 계속 보완 발전되고 있다. 세계 군사학계와 각국에서는 이 '동양의 비대칭전 이론'을 심층적으로 연구 및 활용하고 있다. 조현규, "초한전, 모든 상상·한계 초월… 전통적 전쟁관 뒤집었다", 「국방일보(2020.5.1.)」 https://kookbang.dema.mil.kr/newsWeb/20200504/1/BBSMSTR_

이를 종합적으로 볼 때, 약자가 강자에게 이길 수 있는 방법은 결국 얼마나 약자가 강자에 비해 무한無限한 수단과 방법으로 비대칭성을 창출하느냐, 그러한 군사혁신에 성공했느냐에 달렸다고 볼 수 있다. 따라서 이 책의 목적은 적의 가장 취약한 약점인 급소를 찌르는 비대칭성 창출을 추구하는 군사혁신에 천착하여 약자라도 강자를 스마트하게 이길 수 있는 '비대칭성 기반 군사혁신'의 전략적 접근 방안을 도출하는 것이다.

이 과정에서 한국이 강소국強小國에 걸맞은 강한 군대, 싸우면 반드시 이기는 전투형 군대를 육성하는 데 필요한 시사점을 제시하고자 한다. 이는 한국이 부국강병富國强兵[8]에 기초한 진정한 선진국이 되기 위해 제2 창군 수준의 군사혁신을 지향하며 추진 중인 '국방혁신 4.0'에 대한 최적화된 시사점이 되리라 기대한다.

---

000000100097/view.do (검색일:2022.2.5.)

8) 최진석은 국가 목표로서 '부국강병(富國强兵)'을 다음과 같이 강조한다. "국가의 목표는 단 하나가 될 수밖에 없다. 그것은 부국강병이다. 부국강병을 이루는 데 도움이 되지 않는 것은 어떤 것이라도 국가 단위에서는 배제해야 한다. 문중이나 시민단체나 동아리나 정치 집단에서는 부국강병과 다른 길을 가려고 할 수도 있다. 그러나 국가에는 부국강병만이 유일한 길이다. 사실 부국강병에서도 부국이 강병을 위하는 것인 만큼, 국가에는 강병이 최종 목적이다. 그래야 국민의 생명과 재산을 보호할 수 있기 때문이다. 강병이 빠진 부국은 체력은 없이 체격만 커진 꼴과 같이 허망하다." 최진석, 『최진석의 대한민국 읽기』(서울: ㈜북루덴스, 2021), pp.53~54.

# 제2절 연구 범위 및 방법

## 1. 연구 범위

연구 대상의 범위는 전쟁에 직접적으로 관련되는 분야에 한정하고자 한다. 군사혁신 Revolution in Military Affairs은 영어 표현 그대로 군사 분야의 혁명을 의미하는데, 군사 분야는 광범위하다. 그래서 이 책에서는 전쟁에 직접적으로 관련되는 군사력 건설 및 운용 측면에 한정해서 분석을 진행한다. 또한, 전쟁 수행의 수준은 전략적 수준, 작전적 수준, 전술적 수준으로 구분하는데, 본 연구에서는 전략적 수준과 작전적 수준에 중점을 두고 사례를 비교 분석하고자 한다.

연구 시기의 범위는, 전통적 군사혁신의 개념이 등장한 1990년대 이후를 중심으로 분석을 진행할 것이다. 물론 개념의 기원을 설명하기 위해 역사적인 맥락을 설명하는 부분은 있지만, 논의와 분석의 중점은 1990년대 이후이다.

이 책의 사례 범위는 크게 두 가지 부류다. 첫 번째는 전통적 군사혁신의 성과와 한계를 나타내는 사례이고, 두 번째는 이러한 한계점을 극복하기 위한 새로운 군사혁신의 개념인 비대칭성 기반의 군사혁신 사례이다. 전자는 최근 전통적 군사혁신의 성과와 한계점을 동시에 드러내고 있는 러시아와 한국의 국방개혁을 사례로 채택했다. 후자는 지난 2월에 발발하여 아직도 진행 중인 러시아·우크라이나 전쟁이하 러·우 전쟁에서 러시아의 약점을 집요하게 파고들어 스마트하게 전쟁을 수행하고 있는 우크라이나의 군사혁신 사례와 미·중의 전략적 경쟁 속에서 미국의 핵심 취약점인 급소를 찌르기 위해 추진하고 있는 중국의 군사혁신 사례를 선정하였다. 러·우 전쟁은 현재 진행 중이며 전쟁이 아직 끝나지 않아 결과를 단정 짓는 것은 무리가 있어, 이 책에서는 1단계 작전<sub>개전~D+40일</sub>을 중점적으로 분석한다.

단, 이 책에서 북한의 핵 문제에 대해서는 논외<sub>論外</sub>로 하였다. 현재 진행 중인 북한의 비핵화 협상에서 쉽게 알 수 있듯이, 북한 핵 문제 해결의 근본적인 해법은 군사적 영역이라기보다 정치적 영역에서 해결해야 할 문제이기 때문이다.


## 2. 연구 방법

연구 방법은 정성적 분석에 의한 질적 연구 방법으로 연구를 진행하였다.[9] 즉 비판적 분석 방법 Critical Analysis에 바탕을 둔 문헌 조사 및 비교 분석을 실시했다. 클라우제비츠가 주장하는 비판적 분석은 역사적 사실에 기초를 두고 현상을 설명하되 역사적인 기록에 얽매이지 않는다. 왜냐하면 많은 역사적 현상이 역사적으로 기록되지 않거나 기록될 수 없는 원인에 의해서 일어날 수 있기 때문이다. 그리고 비판적 분석에서는 이론의 유용성을 인정하되 이론을 기계적으로 적용하지 않는다. 이론은 단지 어느 핵심적인 변수를 중심으로 모든 현상을 전부 설명하려는 경향이 있기 때문이다. 비판적 분석에서는 이론적 탐구의 결과인 원칙, 규칙 그리고 방법들을 절대적인 판단의 기

---

9) 이 책의 주제와 같이 과거 및 현재의 사례에 기초하여 미래를 예측 및 전망하는 연구는 과거 및 현재 발생하고 있는 사실(fact)에 기초하여 미래를 예측 및 전망해야 하기 때문에 문헌 조사를 기초로 연구하는 것이 보다 효과적이라고 판단되어 질적 연구 방법을 선택한 측면도 있다.

준으로 삼지 않고 판단의 보조적 수단으로 삼을 뿐이다.[10]

연구 분석은 문헌 조사를 통한 비대칭성과 군사혁신의 본질 탐구로부터 도출한 '비대칭성 기반의 한국형 군사혁신Asymmetric K-RMA'을 분석하기 위한 독창적인 분석 모델을 제시하였다. 이 분석 모델을 통해 사례를 분석하여 비대칭성 기반의 군사혁신을 위한 전략적 접근 방안을 제시함으로써 '국방혁신 4.0'에 적용 가능한 '비대칭성 기반의 한국형 군사혁신Asymmetric K-RMA'의 방향성을 제시했다.

이때 국내외 주요 전문가들의 주장과 연구 산물 등의 선행연구를 기초로 전통적 군사혁신의 3대 핵심 요인을 전력체계 혁신, 작전운용개념戰法 혁신, 구조·편성 혁신으로 선정하였다. 이러한 핵심 요인을 통해 1990년대 걸프전쟁 이후 각 나라가 경쟁적으로 실시해 온 전통적 군사혁신의 한계를 러시아와 한국의 국방개혁 사례를 통해 도출하였다. 전통적 군사혁신의 구조적 한계점을 제시했다.

또한, 전통적 군사혁신의 한계를 극복하는 새로운 군사혁신 개념인 비대칭성 기반의 군사혁신 패러다임을 제안하기 위해 비대칭성 창출에 주목했다. 이때 선행연구와 본질 탐구를 통해 비대칭성 창출의 4대 핵심 요인을 수단·주체의 비대칭성, 인지의 비대칭성, 전략의 비대칭성, 시·공간의 비대칭성으로 선정하였다. 그런데 전통적 군사혁신의 3대 핵심 요인은 다수의 국내외 연구자들의 선행연구로부터 논리적으로 도출할 수 있었던 반면, 이 책의 핵심적인 독립변수인 비대칭성 창

---

10) Carl von Clausewitz, Edited and Translated by Michael Howard and Peter Paret 8th. ed, *On War* (Princeton, New Jersey: Princeton University Press, 1984), pp.156~158. 이종호, "군사혁신의 전략적 성공요인으로 본 국방개혁의 방향: 주요 선진국 사례와 한국의 국방개혁", 충남대학교 군사학 박사논문(2011), p.7에서 재인용.

출의 4대 핵심 요인은 관련된 선행연구가 매우 희소하여 추가로 전문가들의 표면적 타당성face validity 검토[11]를 수행했다. 국내 군사전문가 박사 10명[12]들의 타당성 검토를 통해 비대칭성 창출의 4대 핵심 요인의 타당성을 검증한 것이다. 이렇게 도출된 비대칭성 창출의 4대 핵심 요인으로 우크라이나와 중국의 군사혁신 사례를 분석하여 새로운 군사혁신 개념인 비대칭성 기반 군사혁신의 효용성을 추가로 검증했다.

문헌 조사 간에는 비대칭성과 군사혁신 관련 국내외 전문가들의 논문과 각종 연구 산물을 빠짐없이 검토하기 위해 노력했다. 각국의 국방개혁 분석 간에는 각국 정부의 공식 자료, 주요 전문가들의 논문, 각종 인터넷 자료 등을 망라하여 최대한 객관성을 유지하면서 분석했다. 또한, 국방부, 합동참모본부, 육군본부 등 군 관련 자료는 공식적으로 공개된 자료만 활용하여 분석했다. 특히 최근 발간된 국방과 육군의 30년 후 미래를 선제적으로 대응하기 위해 설계design한 '국방비전 2050', '육군비전 2050 수정 1호'와 정책용역보고서, 야전

---

11) 표면적 타당성 검토는, 어떤 도구나 척도의 타당성을 확인하기 위해 연구자의 전문적 판단에 의지하는 방법이다. Irving B.Weiner & W. Edward Craighead, *The Corsini Encyclopedia of Psychology* (New Jersey: John Wiley & Sons, Inc., 2010), p. 637
12) 국내 전문가 10명 다음과 같으며, 세부적인 설문 결과는 부록에 수록했다. 주은식 한국전략문제연구소(KRIS) 소장(국민대 정치대학원 겸임교수, 예비역 준장), 차도완 배재대학교 드론로봇공학 교수(국방로봇학회 총무부회장, 육군미래혁신연구센터 객원연구원, 예비역 중령), 조남석 국방대학교 국방과학 교수, 방준영 육군사관학교 일본지역학 교수(일본 자위대 군사혁명 연구, 한일군사문화학회 총무이사), 박동휘 육군3사관학교 군사사학 교수(진중문고 『사이버전의 모든 것』 저자), 김호성 창원대학교 첨단방위공학대학원 교수(『중국 국방혁신』 저자, 예비역 중령), 김태권 용인대학교 군사학과 교수(예비역 소령), 김동민 한국국방연구원(KIDA) 현역연구위원, 강경일 박사 (교육사 군구조발전과장, 前 아산정책연구원 연구원), 정민섭 박사(육군미래혁신연구센터 현역연구원, 북한의 독재와 권력구조를 연구한 『최고존엄』 저자).

및 합동 교범 등을 주로 활용했다.

현재도 진행 중인 러·우 전쟁 분석 간에는 최근 국내·외 공개된 자료, 세미나 자료, 합동군사대학교 및 육군대학과 한국국방연구원 KIDA·한국전략문제연구소 KRIS를 비롯한 관련 학교기관과 연구기관의 분석 자료, 군사전문가들의 기고문 및 인터넷 자료 등을 망라하여 사실 fact에 근거하여 객관적으로 분석했다.

## 제3절 책의 구성

이 책은 총 6개 장으로 구성되어 있다. 제1장 서론에서는 문제 제기를 통해 연구 목적을 분명히 하고, 연구 범위 및 방법 등을 제시한다.

제2장에서는 군사혁신과 비대칭성 관련 선행연구를 이론적으로 고찰한 다음 연구 분석의 틀을 제시한다. 제2장 제1절에서는 이 책에서 분석하고자 하는 군사혁신과 비대칭성의 본질을 개념적으로 규명한다. 제2절에서는 군사혁신과 비대칭성 관련 선행연구 검토 결과를 제시하여 이 책의 독창성을 강조한다. 제3절에서는 전통적 군사혁신의 한계점을 극복하는 새로운 혁신적 군사혁신의 패러다임인 '비대칭성 기반의 한국형 군사혁신 Asymmetric K-RMA' 연구 분석의 틀을 제시한다.

제3장에서는 사례 분석을 통해 전통적 군사혁신의 성과와 한계를 구체적으로 제시한 후 전통적 군사혁신의 한계점을 극복하기 위해 새로운 군사혁신의 패러다임으로 전환할 필요성을 강조한다. 제1절

에서 개요를 설명한 이후 제2절에서는 러시아의 국방개혁 사례를, 제3절에서는 한국의 국방개혁 사례를 각각 분석한 다음 전통적 군사혁신의 성과와 한계를 제시한다. 이를 바탕으로 제4절에서는 전통적 군사혁신의 한계점을 극복하기 위해 새로운 군사혁신의 패러다임으로 전환할 필요성이 있다는 것을 강조한다.

제4장에서는 새로운 군사혁신의 패러다임으로 전환하기 위해 추진하는 '비대칭성 기반의 군사혁신' 사례를 분석한다. 제1절에서 배경 설명을 하고, 제2절에서는 현재 및 미래 전쟁의 양상을 보여 주고 있는 러·우 전쟁의 준비 단계와 1단계 작전을 중심으로 러시아의 핵심 취약점인 급소를 찌르기 위해 추진하고 있는 우크라이나의 군사혁신 사례를 분석한다. 제3절에서는 미·중 전략적 경쟁, 즉 G2의 경쟁이 신냉전 New Cold War이라고 불릴 정도로 본격화되고 있는 시진핑 시대 이후 중국의 군사혁신 과정을 분석한다. 즉 미국과의 첨예한 전략적 경쟁에서 중국이 강군몽 强軍夢 기반의 중국몽 中國夢을 구현하기 위한 목적으로 미국의 급소를 찌르기 위해 추진하고 있는 중국의 군사혁신을 분석한다. 제4절에서는 앞 절에서 분석한 내용을 평가한 후 한국군의 '국방혁신 4.0'에 주는 시사점을 도출하여 제시한다.

제5장에서는 앞 2개 장의 사례 분석 내용을 기초로 비교 분석 기법을 통해 총괄적인 전략적 방향을 정립한 다음, 이를 기초로 한국군의 '국방혁신 4.0'에 적용 가능한 전략적 접근 방안을 비대칭성 창출의 4대 핵심 요인별로 제시하고자 한다.

끝으로 결론에서는 이 책의 연구 성과를 종합하여 '국방혁신 4.0'에 주는 함의를 제시한다.

제 **2** 장

# 이론적 고찰과 분석의 틀

# 제2장

# 이론적 고찰과
# 분석의 틀

## 제1절 군사혁신과 비대칭성의 본질

### 1. 군사혁신 RMA: Revolution in Military Affairs [1]

군사혁신이라는 용어가 국방이나 군사 분야에서 사용된 것은 오래되지 않았다. 역사적으로 전쟁 수행 방식이나 무기체계의 혁명적 발전 사례는 많았으나, 군사혁신이라는 용어로 설명되지 않았기 때문이다.

군사혁신 개념은 1970년대부터 옛 소련의 군사 이론가들에 의해 군사기술 혁명 MTR: Military Technical Revolution 으로 발아發芽되었다. 1977년 옛 소련군 총참모장 니콜라이 바실리예비치 오가르꼬프 N. V. Ogarkov, 1917~1994는 핵무기의 정치·군사적 유용성이 감소하고 새로운

---

[1] 육군미래혁신연구센터, 『군사혁신 사고과정 정립』 연구에 공동 연구원으로 참가하여 필자가 작성한 부분을 보완하여 작성했다.

과학기술을 이용한 전투 능력이 혁신적으로 향상되어 군사 변혁 Military Revolution이 촉진되고 있는 것으로 인식했다. 이로 인해 당시 소련의 새로운 군사기술은 군사교리, 작전개념, 교육훈련, 전력구조, 방위산업, 연구개발의 우선순위 등을 혁명적으로 변화시키게 되었다.[2]

이러한 소련의 군사기술 혁명에 관한 사고가 1990년대 초부터 미국에서 연구되기 시작했다. 미국은 걸프전쟁에서의 눈부신 승리를 전과 확대戰果擴大하기 위해 새로운 차원의 군사력 창출을 추구하기 시작했고, 그 방법으로 소련의 군사기술 혁명 개념을 연구하게 된 것이다.

연구 초창기에는 소련의 정찰-타격 복합체와 유사한 개념으로 각종 정찰·감시 수단의 센서와 타격 수단을 지휘통제망에 연결·결합하는 방안에 초점이 맞춰졌다. 하지만 이러한 변화는 점차 전투 공간의 운용 개념과 조직·편성의 혁신으로까지 확장되었다. 그 결과 미군의 군사기술 분야에서의 변혁은 군사교리, 전투 공간 운용 개념, 지휘구조 및 조직·편성, 리더십, 교육훈련, 군수지원 등에 영향을 미치게 되었다. 무엇보다도 이러한 군사 분야의 제반 요소들이 조화로운 연결·결합을 통해 동시적으로 혁신해야 전투력이 혁명적으로 발휘될 수 있다는 인식이 확산되기 시작하였다.[3]

이후 1990년대 중반부터 미군의 '군사기술 혁명'은 전투공간 운영 개념과 조직·편성의 혁신을 포함하는 광범위한 개념인 '군사분야 혁

---

2) Mary C. FitzGerald, *The New Revolution in Russian Military Affairs* (London: Royal United Services Institute for Defense Studies, 1994), p. 1.; 정춘일, 4차 산업혁명과 한국적 군사혁신, 『한국군사』(제6호, 2019), p. 4.
3) 정춘일, 앞의 논문, pp. 5~6.

명'으로 발전되었다. 즉 '군사기술 혁명 + 전투 공간 운용 개념 혁신 + 조직·편성 혁신 = 군사 분야 혁명'이라는 도식적 표현이 성립된 것이다. 미국의 저명한 군사혁신 전문가인 크레피네비치 Andrew F. Krepinevich는 이를 바탕으로 '군사 분야 혁명'을 "새로운 기술을 이용해 새로운 군사체계Military System를 개발하고, 전투 공간 운용 개념과 조직·편성의 혁신을 조화 있게 추구함으로써 전투 효과를 극적으로 증폭시키는 현상"으로 정의하였다.[4]

또한, 미국 국방대학원은 1996년에 발간한 『전략환경평가보고서 Strategic Assessment』에서 '군사 분야 혁명'의 상위 개념으로 안보 분야 혁명 개념을 발전시켰다. 군사 문제는 정치, 경제, 기술, 산업, 심리, 문화 등과도 밀접하게 연관되어 있으므로 안보 차원의 포괄적인 개념에서 군사 분야 혁명에 접근해야 한다는 의미였다.[5] 미래학자인 앨빈 토플러Alvin Toffler도 이와 유사한 의견을 피력하였다. 그는 진정한 의미의 혁명적 군사 발전은 새로운 문명이 낡은 문명에 도전해 사회 전체가 변화되고, 그런 문명사회의 변화가 군의 전략, 무기, 기술, 조직, 제도 등 모든 것을 동시적으로 변화시키도록 강요할 때 발생한다고 주장하였다.[6]

한국군에서 '군사혁신'이란 용어가 사용되기 시작한 것은 1990년대 중반이었고, '군사혁신'에 관한 본격적인 연구를 시작한 것은 1990

---

4) 권태영·노훈, 『21세기 군사혁신과 미래전』, (서울: 법문사, 2008), pp. 48~50.

5) INSS, *Strategic Assessment 1996* (Washington D. C.: National Defense University, 1996), p. 198.

6) 앨빈 토플러 지음(이규행 옮김), 『제3의 물결』(서울: 한국경제신문사, 1991), pp.50~53.

년대 말부터였다. 1990년대 중반부터 한국국방연구원KIDA의 권태영 박사와 정춘일 박사가 일련의 연구과제를 수행하면서 '군사혁신'이라는 용어가 최초로 사용되었다. 이후 1996년 국방부가 중심이 되어 미군의 '군사 분야 혁명' 동향을 파악한 「미국의 군사혁신RMA/MTR 발전 추세」, 「한국적 군사혁신의 비전과 과제」 등과 같은 연구보고서가 발간되었다. 1998년에는 한국국방연구원이 중심이 되어 『21세기 군사혁신과 한국의 국방 비전』이라는 연구서가 발간되기도 하였다. 1999년에는 당시 천용택 국방부 장관 지시에 의거 국방부 국방개혁추진위원회 내에 군사혁신기획단이 구성되었고, 3년간의 연구 끝에 「한국적 군사혁신의 비전과 방책」이라는 제안서가 발행되었다.[7]

여기서 특이한 점은 미군에서 사용하는 'Revolution in Military Affairs'는 '군사 분야 혁명' 또는 '군사혁명'으로 해석되어야 하지만, 우리 군에서는 '군사혁신'이라는 단어로 사용했다는 것이다. 이것은 'Revolution in Military Affairs'를 '군사혁명'으로 사용할 경우, 자칫 '군사 쿠데타'로 오인될 수 있는 우리의 정치 현실을 반영한 것이었다.[8]

결론적으로 '군사혁신'의 개념은 1980년대 초 옛 소련의 '정찰-타격 복합체' 개념을 모체로 한 과학기술 기반의 군사 변혁 개념으로부터 태동하였고, 1990년대 미군에 의해 '군사 분야 혁명'으로 발전되었다. 1980년대 초 소련의 군사 변혁과 1990년대 미군의 '군사 분야 혁명' 모두 과학기술 기반이라는 공통점이 있다. 하지만 미군은 소련의 과학기술 기반의 군사 변혁 연구를 통해 '군사기술 혁명'이 전장에서

---

7) 정춘일, 앞의 논문, p.2.
8) 정춘일, 앞의 논문, p.2.

극적인 전투 효과를 발휘하기 위해서는 이와 연관된 운용 개념과 조직·편성이 뒷받침돼야 한다고 결론지었다.

따라서 현재 한국군이 사용하고 있는 '군사혁신'의 개념도 이와 같은 미군의 '군사 분야 혁명'과 일맥상통한 개념으로 이해할 수 있는 바, 이 책에서는 1990년대 이후 미국을 중심으로 지금까지 추진해 온 군사혁신 개념을 기초로 '전통적 군사혁신'을 다음과 같이 개념적으로 정의한다. 즉 전통적 군사혁신을 "새로운 기술을 응용하여 새로운 전력체계를 만들 경우, 이와 관련된 개념·전법戰法과 구조 지휘·부대·전력·병력·편성을 혁신적으로 균형되게 발전시켜 상호 결합함으로써 전쟁의 성격과 방식을 근본적으로 변화시키는 것이다"라고 조작적 정의 Operational definition를 한다.

## 2. 비대칭성

비대칭은 인류의 역사만큼 오래된 개념이다.[9] 일반적으로 비대칭이란 사물들이 서로 같은 모습으로 마주 보며 짝을 이루고 있지 않은 대칭이 깨진 특성을 말한다. 통상 학술적으로는 인식의 비대칭, 주체의 비대칭, 쟁점의 비대칭, 수단의 비대칭, 시간의 비대칭 등으로 나누는데, 주로 수단의 비대칭을 의미한다.[10] 그런데 이 책에서는 군사적으로 유형적인 비대칭성뿐 아니라 인지의 비대칭, 전략·전술의

---

9) Vincent J. Goulding, Jr., "Back to the Future with Asymmetric Warfare," *Parameters*, Winter 2000–2001, p.21.

10) 합동군사대학교, 『전략의 원천』(충남 계룡: 국군인쇄창, 2020), p.435.

비대칭성, 시·공간의 비대칭 등을 포함한 무형적인 비대칭성을 망라하여 포괄적으로 고려하고자 한다.

비대칭성의 기본 사상 및 원리는 2500년 전 병법의 원조인 손자에 의해 최초로 제시되었다. 손자는 전쟁의 기본은 상대를 '기만'하는 것으로서 兵者詭道也, 적과 정正법으로 대결하고 기奇법에 의해 승리를 취하며 以正合, 以奇勝, '약弱한 것으로 강强한 것을 이기고 以弱戰强', '실實한 곳을 피하고 허虛한 곳을 공격 避實擊虛'하여야 한다고 비대칭성의 진수를 설파했다. 그는 심리적, 정보적 비대칭성을 중요시했으며, 모든 전쟁의 기초를 '기만'에 두고 논리를 전개했다All war is based deception. 적을 유인하기 위해 '미끼'를 제공하고, 무질서 속으로 빠지게 한 다음 공격할 것을 강조했다. 그는 아我 측이 상황에 따라 통상적으로 사용하던 전술을 적이 예상하지 못한 방향으로 갑자기 변경하면 기습 효과를 창출하고 전략적 가치가 크게 증가한다고 주장하였다.[11]

이처럼 비대칭성의 기본 원리는 손자에 의해 제시된 이후 동서고금의 크고 작은 전쟁에서 널리 활용되어 왔다. 전쟁사에서 대표적 전승 사례로서 에파미논다스Epaminondas의 '사선진법', 한니발Hannibal의 '양익포위 기동전', 크레시Crecy 전투의 '장궁Longbow', 이순신 장군의 '거북선'과 '학익진 전법', 구데리안Guderian의 '전격전', 미국의 '핵무기', 모택동의 '인해전술', 보응우옌잡Võ Nguyên Giáp의 '게릴라전' 등은 그 당시 상대와 차별화된 비대칭적 접근에 의해서 승리한

---

11) 권태영·박창권, 『한국군의 비대칭전략 개념과 접근 방책(국방정책연구보고서(06-01))』 (서울:한국전략문제연구소, 2006.8.), p.10.

것이다.[12]

현대에 와서 군사적 관점에서의 비대칭성 개념[13]은 미국에서 정리되어 발전해 왔다. 1995년 합동교리에 비대칭성 Asymmetry 용어를 처음 사용했으며[14], 미국의 1997년 4년 주기「국방검토보고서 QDR: Quadrennial Defense Review」에서 본격적으로 논의되기 시작하였다. 물론 이는 압도적 재래식 군사력을 보유한 미국에 대한 위협이 비전통적인 방식을 차용한 비대칭 위협에서 나올 것임을 경고하기 위함이었다. 즉 미국의 잠재적 적이 비대칭 전략과 수단을 사용할 가능성에 대해 이해해야 한다는 것이었다.

이러한 비대칭적 갈등 사례에 대한 시론적 연구로는 맥 Andrew Mack의 연구를 들 수 있다. 맥은 과거 전쟁 사례를 분석하여 약자가 전쟁에서 승리한 경우가 증가하는 경향성과 함께 약자의 승리 이유를 다음과 같이 설명한다. 전력이 상대적으로 우월한 강대국은 생존에 대한 위기감을 크게 가지지 않기 때문에 약소국과의 전쟁에서 반드시 승리해야 한다는 이익 개념이 상대적으로 약하게 된다. 반면 약소국은 전쟁에 투여된 이익과 관심이 강대국보다 상대적으로 크기 때문에 전쟁에 보다 적극적으로 임하게 되어 예측하지 못한 결과를 가져올 수 있다는 것이다. 결국 주장의 핵심은 전쟁의 승패가 전쟁에 결부된 행위자들의 의지와 밀접한 관련이 있으며, 결국 전략적 선택

---

12) 권태영·박창권, 위의 책, p.7.

13) 사적 측면에서의 비대칭성 관련 논의는 다음 연구 산물의 내용을 추가 연구를 통해 수정 보완한 내용이다. 고봉준·마틴 반 크레벨드·이근욱·이수형·이장욱·케이틀린 탈매지, 『미래전쟁과 육군력』(경기 파주: (주)한울엠플러스, 2017), pp.105~109.

14) 권태영·박창권, 앞의 책, p.11.

은 물리적 능력보다는 의지의 약화 및 손상에 중점을 두어야 한다는 것이었다.

관련된 연구로 베넷Bruce W. Bennett 등은 미국의 1997년 QDR의 기본 개념을 지원하기 위해 비대칭 전략에 대해 연구하면서 비대칭 전략이 왜 국방 기획에서 중요한지, 그리고 비대칭 전략이 미국의 향후 군사행동에 어떤 영향을 미칠 것인지를 분석하였다.[15]

이 글은 미국의 적대국이 미래의 갈등에서 비대칭 전략을 채택할 가능성이 높다고 지적하였는데, 그 이유는 당연하게도 압도적 군사력을 보유한 미국의 군사력 구조와 관련 전략을 모방하는 것은 다른 국가에게는 너무 고비용이기 때문이라는 것이다. 따라서 미래의 적국은 미국의 강점을 직접적으로 공격하기보다는 미국의 약점을 목표로 하는 비대칭 전략을 추진할 것으로 전망하였다. 이에 대응하기 위해서는 미국의 상당한 정보 자산이 전술적 이슈보다는 적의 전략과 취약성에 집중되어야 하고, 이런 전략이 더욱 구체적으로 발전되면 결국 미국의 전력 구조와 대비 태세 등에 광범위한 영향을 미칠 것이라는 것이 글의 핵심 주장이다.

한편, 아레권 도프트Ivan Arreguin-Toft는 맥의 주장을 반박하면서, 전쟁 개시 시점의 이익과 관심보다는 양자 간 전략적 상호작용이 비대칭 분쟁의 승패를 설명하는 주요 요인이라고 주장하였다.[16] 이 주장에 따르면, 강대국도 일반 전쟁을 개시하면 승리에 대한 이익과 관

---

15) Bruce W. Bennet, Christopher P. Twomey, and Gregory F. Treverton, *What Are Asymmetric Strategies?* (Santa Monica, CA: RAND, 1999).

16) Ivan Arreguin-Toft, "How the Weak Win Wars: A Theory of Asymmetric Conflict," *International Security*, Vol.26, No.1(2001).

심을 증대시키기 때문에 이익과 관심의 비대칭이 결정적일 수 없다는 것이다. 따라서 국력의 격차 때문에 쌍방의 전략이 동일할 경우에는 강자가 승리하고, 다를 경우에는 약자가 승리할 가능성이 높아진다고 아레귄 도프트는 주장한다.

이와 같은 견해는 드류Dennis M. Drew와 스노M. Snow가 비대칭 전략을 불리한 상황에 처해 있는 행위자가 전쟁을 수행하는 방식으로 정의하는 것과 같은 맥락에 있다.[17]

이들은 기존에 수용되던 전쟁 방식으로 싸워서는 성공할 수 없다고 판단하는 행위자가 기회를 포착하기 위해 기존의 규칙을 변경하고자 시도하는 것이 비대칭 전략이라고 지적한다. 따라서 비대칭 전략을 크게 분란전insurgent warfare, 신내전new internal war, 제4세대 전쟁, 테러리즘 등으로 구분하였는데, 이들의 주장 중 비대칭 전략이 특히 미국에 문제가 되는 것은 미국이 전쟁의 이러한 측면에 대해 충분한 지적인 고민을 투여해 오지 않았다는 점이다.[18]

이러한 지적은 현재 한국에도 시사하는 바가 클 수 있다. 비대칭 전쟁의 수행은 '고정관념에서 벗어날thinking outside the box 것'을 요구하는데, 이러한 방식은 군 조직 문화에서는 보편적으로 받아들여지기 힘든 부분이 있다.

제도적으로도 미군은 재래식, 대칭 전쟁의 수행에 최적화되었으며 그런 경험을 누적하고 있어 조직을 변화시키는 것을 꺼릴 가능성이

---

17) Dennis M. Drew and Donald M. Snow, *Making Twenty-First-Century Strategy: An Introduction to Modern National Security Processes and Problems* (Maxwell Air Force Base, AL: Air University Press, 2006), pp.131~133.
18) ibid, p.233.

크다는 것이 필자들의 우려이다. 예를 들어 비대칭 전쟁을 수행하기 위한 특수전사령부SOCOM: Special Operations Command가 창설되어 활동하기는 하지만, 이는 각 군에서 열외자 취급을 받는 경향이 있으며 여전히 지상전 수행을 위해 보병 부대를 존속시키는 것이 현실이라는 것이다.

이상의 논의는 비대칭 전략을 약자의 논리로 파악하는 반면에, 브린Michael Breen과 겔처Joshua A. Geltzer는 비대칭 전략이 약자의 전략이라는 통상적인 이해를 반박한다.[19]

이들은 이미 다양한 방식으로 비대칭 전략이 강자의 전략으로 활용되어 왔음을 설명하고, 결과적으로 비대칭 전략은 미국에 대해서만 사용될 수 있다는 통상적 인식을 반박하면서 미국도 비대칭 전략을 활용할 것을 주장한다. 특히 강자에 의해 활용되는 비대칭 전략이 향후 더욱 큰 상대적 중요성을 가질 수 있고, 더구나 비대칭 전략이 미국에 여러 가지 이점을 부여할 수 있다고 판단한다. 우선 상대방의 주요 능력에 대응하기 위해 고비용의 능력을 사용하지 않아도 되기 때문에 상대적으로 경제적일 수 있다. 또한, 미국의 비대칭 전략은 단기적으로 상대방이 미국에 대응하기 위해 자국의 전략을 재평가하는 동안 방향성을 상실하도록 하는 효과를 발휘할 수 있다. 아울러 본질적으로 비대칭 전략은 상대방이 적국의 기존 전략과 관련된 상대적 강점, 그리고 상대가 활용할 수 있는 가능한 대안에 대해 혼란스럽게 만들기 때문에 효과가 상당할 수 있다는 것이 필자들의 인식

---

19) Michael Breen and Joshua A. Geltzer, "Asymmetric Strategies as Strategies of the Strong," *Paraments*, Vol.41, Issue 1(2011).

이다. 그렇다면 강자도 약자에 대해 극적인 결과를 얻기 위해 비대칭 전략을 사용할 수 있고, 결국 미국 현실에 부합하는 독자적인 비대칭 전략을 개발해야 한다는 것이다. 이들에 따르면 미국의 비대칭 전략은 상대적으로 강점을 가지고 있는 영역에서 도출되어야 하고, 미국의 윤리와 글로벌 리더십에 부합해야 한다고 강조한다.[20]

지금까지의 논의를 종합적으로 고려할 때, 군사적 의미에서의 비대칭성은 '약자가 사용할 때 상대적으로 유리하지만 약자든 강자든 상대방의 허虛를 찔러 전장의 판도를 깨기 위해 사용할 수 있는 유·무형적인 모든 수단과 방법'이라고 정의할 수 있다.[21] 따라서 전쟁을 억제하거나 전쟁에서 승리하기 위해서는 상대방의 취약성虛을 최대한 활용할 수 있는 수단, 주체, 인지, 전략, 시간, 공간 등을 포괄하는 유형적, 무형적 비대칭적 방책을 함께 발전시켜야 한다. 상대방이 아측의 취약성을 활용하는 비대칭적 방책을 극복할 수도 있어야 한다. 전쟁은 찾기와 숨기의 경쟁이자 창과 방패의 싸움이기 때문이다.[22]

---

20) ibid, p.52.

21) 미 육군대학원 전략연구소(Strategic Studies Institute)의 스티븐 메츠(Steven Metz)는 "비대칭성은 군사 및 안보 영역에서 주도권 또는 행동의 자유를 확보하기 위해서 아측의 유리점은 최대화시키고 적의 취약점을 잘 이용할 수 있도록 적과 다르게 행동·조직·사고하는 것이다."라고 정의하였다. 군사학연구회, 『군사학 개론』(서울 ; 도서출판 플래닛미디어, 2014)

22) 육군미래혁신연구센터, 『이스라엘 군사혁신의 한국 육군 적용 방향』(충남 계룡 : 국군인쇄창, 2021), p.33.

# 제2절 선행연구 검토와 핵심 요인 도출

제1절에서 전술한 대로, 전통적 군사혁신과 비대칭성에 관한 다양한 관점의 풍성한 연구 산물을 통해 각각의 개념과 본질을 충분히 이해할 수 있었다. 하지만 비대칭성과 전통적 군사혁신을 연결 지어 그 관계성을 분석한 연구 산물은 찾아보기 힘들다. 즉 기존의 전통적 군사혁신 연구는 비대칭성과 연계하여 군사혁신을 연구한 논문을 찾아볼 수 없다. 따라서 이 책에서는 비대칭성 창출에 천착하여 추진하는 군사혁신의 새로운 패러다임을 제시했다는 독창성을 지닌다.

전통적 군사혁신 관련 연구는 크게 군사혁신의 주요 구성 요소 관련 연구와 성공 요인 관련 연구로 나뉜다.

구성 요소 관련 대표적인 연구는 군사혁신 개념을 미국에 정착시킨 크레피네비치 Andrew F. Krepinevich[23]와 한국에 정착시킨 권태영[24], 이종호[25]의 연구이다. 이들은 새로운 기술을 적용한 군사체계가 등장할 때 군사혁신에 성공하기 위해서는 군사체계 혁신, 운용 개념 혁신, 조직·편성 혁신이 균형되게 연결되어야 함을 강조한다.[26] 즉 군사혁신의 구성 요소를 전력체계 혁신, 작전운용개념戰法 혁신, 구조·편성 혁신 세 가지로 구분했다고 볼 수 있다. 이후 관련 군사혁신의 구

---

23) Andrew F. Krepinevich, Jr, *The Military-Technical Revolution: A Preliminary Assessment*, CSBA, 1992(2002).

24) 권태영, "한국의 군사혁신 개념과 접근 전략," 『국방연구』(제42권 제1호, 1999), pp.89~112.

25) 이종호, "군사혁신의 전략적 성공 요인으로 본 국방개혁의 방향: 주요 선진국 사례와 한국의 국방개혁", 충남대학교 군사학 박사논문(2011)

26) 권태영·노훈, 앞의 책, pp. 48~50.

성 요소 관련 연구는 이 3가지의 범주에서 벗어나지 않는다.[27]

따라서 이 책에서는 선행연구와 본질 탐구를 통해 도출된 전통적 군사혁신의 3대 핵심 요인을 ① 전력체계 혁신, ② 작전운용개념戰法 혁신, ③ 구조·편성 혁신으로 선정하여 분석하고자 한다.

전통적 군사혁신의 성공 요인 관련 연구는 구성 요소 관련 연구보다 비교적 많은 선행연구가 있으며, 대표적인 연구가 최근 연구한 정연봉의 연구이다.[28] 정연봉은, '위기의식感의 활용', '우수한 과학기술을 핵심 역량으로 활용', '군 지도부의 변혁적 리더십 발휘' 등 3가지를 군사혁신의 성공 요인으로 도출하고, 성공 요인을 중심으로 미 육군의 베트남전쟁 이후부터 걸프전쟁까지의 군사혁신 사례, 독일과 이스라엘 군사혁신 성공 사례를 비판적 분석 방법을 이용하여 분석함으로써 우리 육군이 지향해야 할 군사혁신의 방향을 제시하였다.

이처럼 군사혁신의 성공 요인을 분석한 논문은 연구자 수만큼 성공 요인에 대한 견해도 다양하다. 연구자들은 본인이 제시한 각각의 성공 요인을 전쟁사의 군사혁신 사례를 통해 분석하여 검증하고 한국군의 군사혁신 방향을 제시한 패턴을 보인다.

비대칭성 관련 선행연구는 크게 비대칭전에 관한 연구, 비대칭 전략에 관한 연구로 구분된다.

27) 최근 정연봉은, "군사혁신을 연구하는 대부분의 전문가들은 성공적인 군사혁신의 구성 요소로서 ① 새로운 군사체계의 개발(develop a new military system), ② 새로운 운용 교리의 발전(develop a new doctrine), ③ 조직의 편성(organizational adaption)을 수용하고 있다"고 강조한다. 정연봉, 『한국의 군사혁신(Revoution in military affairs)』(서울: 도서출판 플래닛미디어, 2021), p.33.
28) 정연봉, 위의 책, 정연봉, "베트남전 이후 미 육군의 군사혁신(RMA)이 한국 육군의 군사혁신에 주는 함의," 『군사연구』(제147집, 2019), pp.285~314.

비대칭전 관련 대표적인 연구는 고대 전투부터 현대전까지의 비대칭전 주요 사례를 분석한 김성우의 연구이다.[29] 그는 주요 전례를 분석하여 질과 양의 비대칭전, 기술의 비대칭전, 전략 및 전술의 비대칭전, 조직과 편성의 비대칭전 등으로 구분하여 제시한다. 그는 현대전에서 전략적·전술적 비대칭의 우위를 확보하려면 새로운 비대칭전에 관해 연구하고 상대방의 전략과 전술에 대응하는 방책 개발을 계속해야 한다고 강조한다.

비대칭 전략 관련 대표적 연구는 그동안 파편적으로 이뤄진 관련 연구를 종합적인synthetic 시각에서 이론적으로 고찰한 박창희의 연구이다.[30] 그는 비대칭 전략이란 "상대가 예상하지 못한 수단과 방법을 동원하여 상대의 강점을 무력화하고 약점을 이용하며, 이를 통해 전략적 우세를 달성하고 전쟁 목적을 달성하기 위한 전략"으로 정의한다. 비대칭 전략을 수준level, 차원dimension, 유형pattern으로 구분[31]하여 제시하고 수단의 비대칭, 방법의 비대칭, 의지의 비대칭으로 전례를 분석한 다음, 특정 상황에 부합된 독창적 무기 또는 혁신적 개념의 잠재력을 인식하고 비대칭 전략을 적절하게 활용할 것을

---

29) 김성우, "비대칭전 주요 사례 연구,"『융합보안 논문지』(제16권 제6호, 2016.10.), pp.25~32.

30) 박창희, "비대칭 전략에 관한 이론적 고찰,"『국방정책연구』(제24권 제1호, 2008년 봄(통권 제79호), pp.177~205.

31) 수단에 의한 구분은 정치-전략적 비대칭, 군사-전략적 비대칭, 작전 수준의 비대칭으로 구분되고, 차원에 의한 구분은 적극적 비대칭과 소극적 비대칭, 단기적 비대칭과 장기적 비대칭, 물리적 비대칭과 심리적 비대칭으로 구분된다. 또한, 유형에 의한 구분은 군사적 강자의 비대칭 전략, 군사적 약자의 비대칭 전략, 군사적으로 동등한 행위자 간의 비대칭 전략으로 구분된다.

강조한다.

전술前述한 바와 같이 군사혁신과 비대칭성 관련 선행연구는 각각의 연구 주제에 관해서는 연구가 이뤄져 왔으나, 군사혁신과 비대칭성을 직접적으로 연결하여 분석한 연구는 찾기 힘들었다. 따라서 이 책에서는 전쟁의 패러다임을 획기적으로 전환하여 전쟁에서의 온전한 승리全勝를 보장하기 위해 적의 약점, 특히 핵심 취약점인 급소를 찌르는 비대칭성 창출에 집중하는 군사혁신을 독창적으로 연구하였다.

이 책에서 제시한 비대칭성 창출의 4대 핵심 요인은, 선행연구와 본질 탐구에서 도출된 주요 요인인 양과 질의 비대칭성, 기술의 비대칭성, 전략과 전술의 비대칭성, 조직과 편성의 비대칭성, 수단의 비대칭성, 전략·전술의 비대칭성, 의지의 비대칭성을 아우를 수 있는 개념으로 재조직한 것이다. 또한, 필자가 연구한 기존 논문[32]에서 제시한 비대칭성 창출의 핵심 요인이었던 수단, 전략, 인지, 영역, 주체, 시간 등 6대 요인을 추가적인 연구를 통해 4대 요인으로 발전시킨 것이다. 결론적으로 이 책에서는 비대칭성 창출의 4대 핵심 요인을 ① 수단·주체의 비대칭성, ② 인지의 비대칭성, ③ 전략·전술의 비대칭성, ④ 시·공간의 비대칭성으로 선정한 후 이를 통해 사례를 분석한다.

이렇게 논리적으로 도출한 비대칭성 창출의 4대 핵심 요인은 이 책의 핵심적인 독립변수이기에 연구의 완전성을 제고하기 위해 국내 군사전문가박사 10명에게 표면적 타당성 검토를 통해 실효성을 추가적으로 검증했다.

---

32) 신치범, "비대칭성 창출 기반의 군사력 건설 관점에서 본 러시아 우크라이나 전쟁 - 1단계 작전(개전~D+40일)을 중심으로-,"『한국군사학논총』(제11집 제2권, 2022.)

# 제3절 연구 분석의 틀

## 1. '비대칭성 기반의 한국형 군사혁신Asymmetric K-RMA'의 정의 및 의의

전술前述한 대로 이 책에서는 지금까지의 선행연구에서 찾아보기 어려운 전통적 군사혁신과 비대칭성을 연결하여 비대칭성 창출에 천착하여 군사혁신을 추진하는 새로운 군사혁신의 패러다임인 비대칭성 기반의 군사혁신 연구를 수행하고자 한다.

기존 전통적 군사혁신은 1990년대 초반 걸프전쟁 종료 이후 주요 군사 선진국들이 앞다투어 추진해 온 군사 현대화 개념으로 상대를 가진 전장에서 그 한계가 있을 수밖에 없다.[33] 따라서 기존 군사혁신의 한계를 초월하여 도약할 수 있는 새로운 군사혁신 개념을 제시할 필요가 있다.

이런 맥락에서 이 책에서는 기존의 군사혁신 한계를 극복하기 위해 비대칭성 창출에 집중함으로써 전쟁의 패러다임을 획기적으로 전환하여 전쟁의 온전한 승리全勝를 보장하는 도약적·혁신적 버전의 새로운 군사혁신 개념을 연구하여 사례 분석을 통해 검증한다.

비대칭성 기반의 군사혁신은 상대방의 급소를 찌르는 비대칭성에 천착하여 군사혁신을 추진함으로써 군사혁신의 도약적 변혁 효과를 극대화하는 군사혁신의 새로운 도약적 패러다임이라고 말할 수 있다. 글로벌 중추 국가로서 부국강병富國强兵에 기반한 진정한 선진국

---

33) 정연봉은 최근 연구에서, "걸프전이 종료되었을 때 많은 군사전문가들이 경쟁적으로 교훈을 분석했고, 군사 선진국들은 분석된 교훈을 바탕으로 자국군의 군사혁신을 적극적으로 모색했다"라고 강조한다. 정연봉, 앞의 책, pp.16~17.

으로의 위상을 확립하기 위해 이러한 군사혁신의 새로운 패러다임을 한국에 적용하여 새로운 강소국强小國 모델을 최초로 제시한다는 의미에서 이 책에서는 '비대칭성 기반의 한국형 군사혁신Asymmetric K-RMA'이라고 칭하고자 한다.

앞으로 한국이 전통적 군사혁신의 도약적·혁신적 버전인 '비대칭성 기반의 한국형 군사혁신Asymmetric K-RMA'을 추구하면, 한국은 부국강병富國强兵에 기반한 작지만 강한 선진 강소국强小國의 위상에 걸맞게 영리하게 싸워 온전한 승리를 추구하는 전승全勝 메커니즘을 갖추게 될 것이다. 즉 유사시 적은 병력을 투입하더라도 최소 희생으로 작전 효율성을 극대화한 상태에서 최대 효과로 전승을 보장하게 될 것이다.

결국 '비대칭성 기반의 한국형 군사혁신Asymmetric K-RMA'은 한국이 경제력 세계 10위권에 부합하는 전승 메커니즘을 갖춘 진정한 강소국으로서 평시 전쟁을 억제하고 유사시 온전한 승리를 추구하는 원동력이 될 것으로 기대한다.


## 2. 분석의 기준 및 핵심 요인

'비대칭성 기반의 한국형 군사혁신Asymmetric K-RMA'은 전통적 군사혁신의 도약적·혁신적 패러다임에 걸맞게 새로운 분석의 기준을 제시하고자 한다.

앞서 제1절과 제2절에서 언급했듯, 지금까지의 전통적인 군사혁신은 3대 핵심 요인인 전력체계 혁신, 작전운용개념戰法 혁신, 구조·편성 혁신 위주로 추진되었다. 그런데 1990년대 이후 군사 선진국이면 누구나 전통적 군사혁신을 추구하면서 군사 현대화를 추진하고 있어 상대적인 효과에 한계가 있다는 것은 자명하다.

따라서 새로운 도약적 군사혁신 패러다임을 도출하기 위해 먼저 기존 전통적 군사혁신의 한계를 논증한 다음, 전통적 군사혁신의 한계를 극복하기 위해 적의 핵심 취약점인 급소를 지향하는 비대칭성 창출을 기반으로 군사혁신을 추구해야 근본적이고 본질적인 전장의 판도를 변화시킬 수 있다는 것을 증명할 것이다. 즉 전통적 군사혁신의 한계를 극복하기 위해서는 비대칭성 창출의 4대 핵심 요인인 수단·주체의 비대칭성, 인지의 비대칭성, 전략·전술의 비대칭성, 시·공간의 비대칭성에 집중하여 군사혁신을 추구해 나갈 필요가 있다는 것을 검증하고자 한다.

이때 '비대칭성 기반의 한국형 군사혁신Asymmetric K-RMA'은 전통적인 군사혁신의 한계를 극복하기 위해 비대칭성 창출의 4대 핵심 요인인 수단·주체의 비대칭성, 인지의 비대칭성, 전략·전술의 비대칭성, 시·공간의 비대칭성을 망라하여 비대칭성 기반 군사혁신 사례를 분석할 것이다.

이 과정에서 두 가지 가설을 검증하고자 한다. 첫째는 3대 핵심 요인인 전력체계 혁신, 작전운용개념戰法 혁신, 구조·편성 혁신을 추진하여 달성하고자 하는 전통적 군사혁신은 장기적으로 추진되어야 하며 성과에 한계가 있다는 가설#1을 검증할 것이다. 둘째는 적의 핵심 취약점인 급소를 찌르는 비대칭성 창출의 4대 핵심 요인을 지향하는, 새로운 도약적인 군사혁신 패러다임인 비대칭성 기반의 군사혁신은 단기적으로 성과를 창출할 수 있다는 가설#2을 검증하고자 한다. 이

를 통해 '비대칭성 기반의 한국형 군사혁신Asymmetric K-RMA'의 필요
성과 실효성을 강조할 것이다.

아래 <표 2-1>와 같이 군사혁신 관련 새로운 가설을 설정하여 사례
를 통해 검증함으로써 '비대칭성 기반의 한국형 군사혁신Asymmetric
K-RMA'의 독창성과 실효성을 제시하는 게 이 책의 궁극적 목적이다.

<표 2-1> '비대칭성 기반의 한국형 군사혁신Asymmetric K-RMA' 가설

| |
|---|
| 가설 #1: 전통적 군사혁신은 장기적으로 추진되며 한계가 있다. |
| 가설 #2: 비대칭성 기반의 군사혁신은 단기적으로 효과가 있다. |

전술前述한 대로 가설 #1을 검증하기 위해 전통적 군사혁신의 3대
핵심 요인으로 전통적 군사혁신 사례를 분석하여 그 한계를 제시한
다. 가설 #2를 검증하기 위해서는 이 연구의 독립변수인 비대칭성 창
출의 4대 핵심 요인을 통해 사례를 분석할 것이다. 핵심 요인별 각각
의 의미와 분석할 주요 내용은 다음과 같다.

## 가. 전통적 군사혁신의 3대 핵심 요인

### 1) 전력체계 혁신[34]

전력체계[35]는 주로 전쟁을 수행할 수 있는 무기와 장비로서 군사

---

34) 정춘일, 『과학기술 강군을 향한 국방혁신 4.0의 비전과 방책』(대구: 도서출판 행복에너
지, 2022), pp.372~373.

35) 군사 용어상 전력체계는 무기체계와 전력지원체계, 정보화체계를 망라한, 전투력을 투
사하는 전력체계를 총칭한다. 따라서 전력체계의 혁신은 새로운 무기, 장비, 물자, 시

혁신의 궁극적 목표라 할 수 있다. 국가의 생존은 물리적 힘이 없이는 지켜질 수 없는데, 그 힘의 실체가 전력체계이다. 전력체계는 과학기술의 총체적 산물이다. 새로운 첨단과학기술을 전략·전술적 필요에 따라 활용하는 군사기술 혁명MTR, Military Technical Revolution을 통해 적대 국가를 압도할 수 있는 전력체계를 발전시켜야 전쟁에서 승리를 거둘 수 있다. 전쟁사를 보면, 전쟁에서 주도적 역할을 담당해 온 핵심 전력체계를 진부화시키는 군사력 경쟁이 지속돼 왔다는 사실을 확인할 수 있다. 고대의 창과 칼은 화약을 사용한 총과 포에 자리를 내줬다. 해상의 대함전은 항공모함에 주도권을 빼앗겼다. 절대 무기인 핵무기의 등장은 군사력의 판도를 근본적으로 바꿔 놓았다.

오늘날 첨단과학기술의 급격한 발달로 인해 신무기 혁명이 등장하고, 그로 인해 전쟁 패러다임이 파격적으로 전환되고 있다. 정보·감시·정찰 무기, 원거리·초정밀·초고속 타격 무기, 정찰·타격 복합 무기, 우주 무기, 무인 고지능 무기, 사이버전 무기, 지향성 에너지 무기 등의 혁명이 가속화되면 전력체계도 혁신이 불가피하다. 전략 환경에서 생성된 전략적 필요는 전력체계에 의해 충족된다. 어떠한 국가도 생존 위협이 절박하면 전략적 보장 의지와 각오가 강해지기 마련이다. 사회 구성원들 간에는 어떠한 위험도 감수할 수 있다는 혼연일체의 안보 공감대가 형성된다. 문제는 지킬 능력이 없이는 전략적 필요가 충족될 수 없다는 점이다. 과학기술 수준이 낮고 주요 전력체계를 개발·생산할 수 있는 산업 기반이 취약하면 군사혁신은 성취될 수 없다.

---

설, C4I 체계 등의 혁신 등을 포괄적으로 일컫는 용어이다.

## 2) 작전운용개념戰法 혁신[36]

전투 수행의 핵심 수단인 전력체계가 최대의 전투력을 발휘하기 위해서는 전력체계전투 수단를 어떻게 활용해서 싸워 이길 것인지에 대한 작전운용개념Operational Concept의 혁신이 필수적이다. 전쟁이나 전투에서 싸우는 방법을 뜻하는 전법戰法을 혁신해야 전투 수단인 전력체계의 전투 효율성을 제고할 수 있다는 것이다. 전장에서 각종 전투 수단을 최적으로 운용하는 개념과 이를 활용한 최상의 싸우는 방법戰法은 아무리 강조해도 지나치지 않는다. 최고 첨단 성능을 가지고 있는 전력체계도 운용 개념이 고답적이거나 부적합하면 전투력을 제대로 발휘할 수 없다는 게 군사전문가들의 컨센서스다.

제2차 세계대전 당시 독일군이 프랑스 전역에서 철옹성의 마지노 요새를 붕괴시키고 승리를 거둔 사례는 무기체계의 성능이 적보다 다소 열세하더라도 작전운용개념戰法을 창의적으로 발전시키면 전투에서 승리할 수 있다는 사실을 보여 준다. 독일군은 창의적 작전계획, 잘 훈련된 공격부대, 지휘관 및 참모들의 탁월한 전투 수행 능력에 힘입어 무기체계의 열세를 극복하고 입체적 기동전을 성공적으로 수행함으로써 찬란한 승리를 거뒀다. 그에 반해 프랑스군은 진지 방어 위주의 무사안일주의와 마지노선에 대한 과신으로 패배를 자초하였다. 프랑스군이 시대의 변화에 맞는 군사 사상을 개발하고 창의적 작전운용개념, 싸우는 방법戰法을 발전시켰다면 마지노 요새를 건설하고도 예비대를 타 지역으로 전용하지 않고 낭비한 개념의 실패로 패

---

36) 육군미래혁신연구센터, 『이스라엘 군사혁신의 한국 육군 적용 방향』(충남 계룡: 국방출판지원단, 2021), pp.30~31.

배항복하지 않았을 것이다.

### 3) 구조·편성 혁신[37]

구조·편성 혁신은 전력체계와 작전운용개념戰法을 뒷받침할 수 있도록 군구조 지휘구조[38]·부대구조[39]·전력구조[40]·병력구조[41]와 조직·편성을 근본적으로 혁신하는 것을 말한다. 여기서 구조는 전투력 투사 수단인 전력체계를 담을 그릇이자 작전운용개념戰法을 구사하는 주체라고 볼 수 있다. 군사기술 혁명에 따른 신개념 전력체계의 출현과 함께 전쟁을 수행하는 개념과 방식이 근본적으로 혁신되면 군의 구조도 그에 적합하도록 혁신되어야 한다.

최근 발전을 거듭하고 있는 정보화·지능화 기술을 활용한 전력체계의 혁신은 병력의 감축과 함께 부대 규모의 축소로 이어질 수 있다. 전장의 네트워크화·디지털화는 군의 지휘구조와 전투 조직의 편

---

37) 육군미래혁신연구센터, 『이스라엘 군사혁신의 한국 육군 적용 방향』, pp.31~33.

38) 지휘구조는 국방부 및 합참으로부터 전투부대에 이르기까지 형성되어진 지휘관계 구조를 말한다. 통상적으로 각 군 본부 이상의 상부구조와 각 군 내부의 부대 간 관계를 설정하는 하부구조로 구분된다. 이 책에서의 지휘구조(指揮構造, Command Structure)는 현재 진행되고 있는 전작권 전환 등을 고려하여 육군 내부의 부대 간 관계를 설정하는 하부구조만으로 한정한다. 야전교범 3-0-1, 『군사용어사전』(육군본부, 2012), p. 104.

39) 부대구조(部隊構造, Troop Unit Force Structure)는 국방부로부터 승인된 정원을 기초로 지휘부대, 전투부대, 전투지원부대, 군수지원부대, 행정지원부대로 구분하여 전투력 발휘가 용이하도록 지휘 제대별로 형성된 체계이다. 합동교범 10-2, 『합동·연합작전 군사용어사전』(합동참모본부, 2014), p. 195.

40) 전력구조(戰力構造, Military Force Structure)는 인력 배분, 유형별 전투부대 수, 무기체계 등 전력의 개략적인 구상이다. 합동교범 10-2, 앞의 책, p. 195.

41) 병력구조(兵力構造, Personnel Structure)는 군 구조를 형성하는 병종(병과를 의미)별 또는 신분별 인력의 구성체계이다. 육본 개혁실, 『육군규정 920(육군개혁 추진 규정)』, p. 32.

성에 지대한 영향을 미칠 것이다. 축소된 군사력 운용 조직 편성에 혁신적 운영 방법을 적용함으로써 전투 효과성을 높이는 것이 중요하다.

그런데 지금까지 살펴본 전통적 군사혁신은 걸프전쟁 이후 첨단과학 기술군을 지향하면서 주요 군사 선진국이면 누구나 추진하고 있는 개념이기에 그 한계를 인식할 필요가 있다.

지금까지의 논의를 종합해 보면, 전통적 군사혁신의 3대 핵심 요인별 주요 분석 요소를 아래 <표 2-2>와 같이 정리할 수 있다.

<표 2-2> 전통적 군사혁신의 3대 핵심 요인별 주요 분석 요소

| 핵심 요인 | 주요 분석 요소 |
|---|---|
| 전력체계 혁신 | • 무기체계(재래식 무기 체계, 첨단 무기체계)<br>• 전력지원 체계 |
| 작전운용개념<br>(戰法) 혁신 | • 국가전략 및 군사전략<br>• 작전수행개념<br>• 전략적·작전적·전술적 수준의 싸우는 개념(戰法) |
| 구조·편성 혁신 | • 지휘구조, 부대구조, 병력구조<br>• 세부 조직 및 편성 |

## 나. 비대칭성 창출의 4대 핵심 요인

앞서 언급한 전통적 군사혁신의 한계를 극복하기 위해서는 상대방의 약점을 찾아 아측我側의 강점으로 급소를 찌르는 비대칭성 창출에 집중해야 한다. 즉 전통적 군사혁신 개념이 아니라 비대칭성 창출의 4대 핵심 요인에 집중하여 새로운 군사혁신 개념으로 추진할 때 비로소 전통적 군사혁신의 한계를 극복하여 전승全勝을 보장할 수 있을 것이다. 비대칭성의 본질과 선행연구를 통해 도출한 후 군사전문가들의 표면적 타당성 검토를 통해 검증한 비대칭성 창출의 4대 핵심 요인은 다음과 같다.

### 1) 수단·주체의 비대칭성

수단·주체의 비대칭성은 상대방과 다른 수단과 주체, 또는 상대가 예상치 못한 수단과 주체를 활용함으로써 상대에 비해 비대칭적 우위를 확보하는 것을 말한다. 여기서 수단과 주체를 함께 고려하는 것은, 수단과 이를 활용하는 주체는 전투력을 투사하는 떼려야 뗄 수 없는 하나의 플랫폼이기 때문이다.

수단의 비대칭성은 군사사軍事史에서 흔히 찾아볼 수 있다. 19세기 유럽의 식민전쟁은 산업적으로 발달한 국가들이 후진국을 상대로 벌였던 전쟁이다. 당시 유럽 국가들은 기관총을 보유하고 있었던 반면, 이에 저항하는 국가들은 선진 기술을 따라잡을 시간이나 능력이 없었기 때문에 유럽 국가들은 상대적으로 오랜 기간 동안 비대칭의 이점을 누릴 수 있었다. 예를 들어 영국의 군대는 1893~1894년 마타벨레 전쟁Matabele War에서 기관총을 처음 사용했는데, 전쟁 중의 한 전투에서 영국군 50명이 기관총 4정을 가지고 마타벨레 전사 5,000명을 상대로 싸워 이긴 적이 있었다. 이처럼 비대칭성을 극대화하는 수단으로는 이러한 종류의 무기 외에도 비밀병기, 정보, 테러, 대량살상 무기 등을 들 수 있다.[42]

---

42) 박창희, 앞의 책, p.542.

최근 수단의 비대칭 사례는 테러 공격에서까지 적나라하게 나타나고 있다. 2001년 9월 11일 알 카에다는 세계무역센터World Trade Center와 펜타곤Pentagon을 공격하기 위해 상대가 아무런 의심도 하지 않은 민간 비행기를 납치하여 치명적인 '유도미사일'로 활용하였다. 이외에도 1987년 일본의 옴진리교는 지하철에 사린 신경마비 독가스를 살포했고, 2002년에는 인도네시아 발리섬의 한 나이트클럽에서 차량 폭탄 테러가 발생했으며, 2004년 스페인 마드리드에서는 10개의 폭발물에 의한 열차 폭발이 있었고, 2005년에는 런던 지하철과 버스에서 연쇄 폭탄 테러는 모두가 예상하기 어려운 수단을 활용한 비대칭 수단에 의한 공격이라 할 수 있다.[43]

주체의 비대칭성은 수단의 비대칭성과 함께 군사사에 등장해 왔다. 특히 국민개병제와 국가 총력전 개념이 도입되면서부터 주체의 비대칭성이 군사사에 본격적으로 등장했다고 봐야 한다. 봉건시대의 전쟁에서는 기사나 용병 등 일부 주체만이 전쟁에 참전했던 반면, 주체의 비대칭성을 극대화하기 위해 고민했던 나라들은 국민개병제를 시행하여 국민 모두를 참전시키고자 했기 때문이다. 더욱이 모든 국민과 함께 국가의 모든 역량을 전쟁에 총동원하고자 하는 국가 총력전 개념이 등장하면서 주체의 비대칭 측면에서 혁명적인 변화가 나타났다.

이렇게 수단과 주체의 비대칭성을 극대화하기 위해 활발하게 도입된 국가 총력전 개념은 국민과 국가의 모든 역량을 전쟁에 직접적으

43) 박창희, 위의 책, p.545.

로 관여하게 하였다. 즉 국가 총력전 개념으로 수단과 주체의 비대칭성을 확보하기 위한 각국의 노력은 더욱 심화되었던 것이다.

최근 러·우 전쟁에서 볼 때, 이러한 주체의 비대칭성은 이제 국가 총력전을 넘어 국제 총력전 개념까지 도입해야 할 혁명적 수준에 도달했다고 봐야 한다. 즉 우크라이나는 국민을 포함한 국가의 총역량뿐 아니라 우크라이나를 지원하는 서방 세계 역량까지 총동원하여 전쟁에 임하고 있기 때문이다. 우크라이나를 지원하는 국제 용병, 빅테크 Big Tech[44] 기업 등이 대표적이다.

따라서 이 책에서 수단·주체의 비대칭성을 분석할 때는 전쟁을 수행하는 물리적·비물리적 수단과 그 수단을 활용하여 전쟁을 수행하는 주체를 동시에 분석한다.

먼저 수단의 비대칭성 측면을 분석할 때, 무기체계 및 전력지원체계 등과 같은 유형 전투력과 전투원의 전투 의지와 사기[45], 단결력 등 무형 전투력에 의해 수행되는 게 전쟁이기에 유형 전투력과 무형 전투력을 망라한 모든 수단을 분석의 대상으로 둔다. 즉 상대의 강점을 상쇄하면서 약점을 효과적으로 공격할 수 있는 무기체계와 장비 등을 전장에 투입하는 유형 전투력 투사와 전투원의 전투 의지와 사

---

44) 빅테크는 미국 정보기술 산업 5대 기업, 즉 아마존, 애플, 구글(알파벳), 메타, 마이크로소프트이다.

45) 몽고메리 장군은 전쟁에서 사기의 중요성을 다음과 같이 강조한다. "전시에 가장 중요한 한 가지 요소는 사기이다. 국민들이 싸우려는 의지를 갖고 있지 않다면 장기간 전쟁을 수행하는 것은 불가능하다. 그런 경우 국가의 군사력은 제 기능을 발휘하지 못할 것이다. 전투에서 가장 중요한 것도 사기이다. 사기가 저하되어서는 어떤 전략도 성공을 거둘 수 없다. 일단 사기가 떨어지면 패배를 면할 수 없다." 버나드 로 몽고메리 (Bernard Law Montgomery) 지음(승영조 옮김), 『전쟁의 역사(A History of Warfare)』 (서울: 책세상, 2004), p.955.

기 등의 무형 전투력이 얼마나 전쟁에 영향을 미치는지를 종합적으로 분석한다.

또한, 수단의 비대칭성을 극대화하는 측면에서 첨단 전력체계뿐 아니라 재래식 전력과의 High-Low Mix 개념의 최적화된 전력체계를 효과적으로 개발 및 활용하고 있는지도 분석한다.

다음으로 주체의 비대칭 측면에서는, 국가 총력전뿐 아니라 전 지구가 인터넷으로 초연결되어 있기에 한 국가의 자원뿐 아니라 국제적인 자원을 어떻게 효과적으로 활용하느냐에 따라 전쟁의 승패가 결정될 가능성이 커진 상황까지 고려한다. 즉 전쟁 당사국의 국내적 domestic 주체에 국한하지 않고 빅테크를 비롯한 전 지구적인global 자원을 포함하여 주체의 비대칭성 여부까지 분석한다.

## 2) 인지의 비대칭성

인지의 비대칭성은 상대에 비해 인지 영역에서 비대칭적 우위를 확보하는 것을 말한다. 여기서 인지 영역Cognitive domain[46]은 사람의 의식과 생각으로 만들어지며, 물리적 영역과 정보 기반 영역에서 제공된 정보를 바탕으로 조성된 보이지 않는 의식의 영역이다. 동시에 전쟁의 중심이 형성되는 근본 영역이며, 전쟁하는 상대가 서로 궁극

---

46) 에드워드 왈츠는 인지 영역을 "정보 환경을 구성하는 영역 중 하나이며, 정보 환경은 정보를 수집·전파·작용하는 개인·조직·시스템의 집합체로서, 모든 정보활동이 이루어지는 공간 및 영역"이라고 정의한다. Edward Waltz, *Information Warfare: Principals and Operations* (London: Artech House, 1998), pp.149~151. '육군비전 2050(수정1호)'에서도 "인지 영역은 인간의 심리와 관련된 영역으로서, 지각·인식·이해력·신념 그리고 가치들이 있는 영역이며 감각 생성 결과로 만들어 진다"라고 설명한다. 육군본부, 『육군비전 2050 수정 1호』, pp.54~55.

적으로 파괴하거나 영향을 미치려는 영역이다. 정보 기반 영역<sub>사이버</sub> 전자기 영역</sub>과 인지 영역은 정보와 관리자<sub>사람</sub>를 통해 연결되어 있다. 이 때문에 정보 기반 영역 <sub>사이버 전자기 영역</sub>에서 수행되는 정보작전과 심리작전은 인지 영역을 직접 공격하는 데 대단히 효과적이다. 그래서 정보 기반 영역은 타국이 자국에게 유리한 행동과 태도를 보이도록 유도하고 강화하는 정보작전Information Operations과 심리작전 Psychological Operations[47]의 주요 전장이다.[48]

<그림 2-1> 인지 영역의 위상

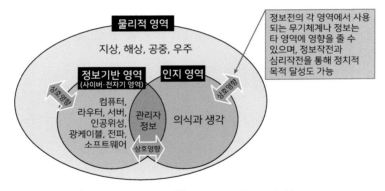

* 출처 : 이창인 외 2명, "초연결 시대의 미래전 양상," 『문화기술의 융합』(제6권 제2호), p.101

---

47) 심리작전은 적과 잠재적인 적의 의사결정 과정에 영향을 주어 분열, 매수, 유용하고 아군의 의사결정 과정은 보호하는 제반 활동이다. 정보작전은 타 작전과 연계된 정보 관련 능력의 통합된 노력을 통해 목적을 달성할 수 있다. 합동교범 10-2, 앞의 책, p.456.

48) 이창인, "다영역 초연결의 전쟁수행방법 연구-21세기 주요 분쟁과 전쟁사례를 중심으로-," 건양대학교 군사학 박사논문, 2022, p.38.

'국방비전 2050'[49]과 '육군비전 2050 수정 1호'[50]에서 인지 영역을 전장 영역에 포함한 것에서도 알 수 있듯이, 현대 전쟁뿐 아니라 미래 전쟁에서도 인지 영역이 작전에 미치는 영향은 지대하다. 미래 전쟁에서 유·무인 복합전, 더 나아가 무인 전투 중심의 미래 전쟁 양상이 대두되더라도 결국 전장의 주체는 인간이기 때문이다. 즉 전장의 주체인 인간human factor의 인지 영역을 지배하는 것은 앞으로도 변함없이 중요할 것이다.

'육군비전 2050 수정 1호'에서는 다음과 같이 사이버 전자기 영역이 확장되면서 인지 영역과 인지전의 중요성이 확대될 것으로 전망한다. "사이버 전자기 영역과 인간의 의식이 만들어 내는 인지 영역은 모두 음성과 소리, 문자와 그림이라는 공통된 특징을 가지고 있기 때문에, 사이버 전자기 영역과 인지 영역은 직접적으로 영향을 주고받는다.[51] 이와 같은 전쟁 양상은 적국의 군인 및 민간인들의 생각과 의사결정에 영향을 미쳐 무혈 승리의 효과적인 수단으로도 활용될 것이다."[52]

---

49) '국방비전 2050'에서는 "인간의 지각과 인식을 범주로 하는 인지·심리 영역은 중요한 전장으로 새로 인식되고 있다. 역사적으로 전·평시를 망라하여 적의 의지를 약화시키고, 아군의 승리 여건 조성을 위한 정보전, 심리전 등의 활동이 전개되어 왔지만, 미래 사회는 메타버스의 개념이 확대됨에 따라 현실 세계와 사이버 공간이 연결되어 상호작용하고, 소셜 네트워크서비스(SNS) 등이 더욱 고도화되어 인지·심리 영역의 영향력이 확대될 것이다. 이에 따라 미래 사회환경 변화를 활용하여 우리 전쟁 수행에 유리한 여건을 조성하기 위해 인지·심리 영역에서의 우위 전략이 중요해 질 것이다"라고 인지 영역의 중요성을 언급한다. 국방부, 『국방비전 2050』, p.49.

50) 육군본부, 『육군비전 2050 수정 1호』, pp.54~55.

51) 일례로 2014년 돈바스 전쟁에서 러시아군은 우크라이나군 지휘관들의 핸드폰에 거짓 정보를 유포하여 우크라이나군의 지휘체계를 일시적으로 마비시켰다. 2020년 아제르바이잔군은 TB-2 공격드론의 정밀타격 영상을 SNS를 통해 실시간으로 공개함으로써 아르메니아군을 공포에 떨게 하고, 러시아의 섣부른 개입을 차단하였다.

52) 육군본부, 『육군비전 2050 수정 1호』, p.55.

따라서 이 책에서는 전쟁을 수행하는 모든 주체의 인지 영역을 망라하여 분석한다. 즉 전쟁 당사국의 국민들의 인지 영역과 함께 국제 총력전 차원에서 전쟁에 관여하는 전 지구적global 모든 주체의 인지 영역, 전쟁을 지원하는 전 세계적인 여론 동향까지를 포괄적으로 분석한다.[53]

또한, 전쟁 지도자의 전장 리더십을 추가적으로 분석한다. 러·우 전쟁에서 젤렌스키 우크라이나 대통령의 전장 리더십은 현대 및 미래 전쟁에서 전쟁 지도자의 전장 리더십이 인지 영역에 얼마나 많은 영향을 미치는지 보여 주고 있기 때문이다. 전쟁 당사국의 주체든 전 지구적 주체든 전쟁 지도자의 리더십에 의해 인지 영역의 승패가 전쟁의 승패로 이어지기 때문에 전쟁 지도자의 리더십을 인지 영역의 분석 요소로 포함한다.

### 3) 전략·전술의 비대칭성

전략·전술의 비대칭성은 상대와 차별화되거나 상대가 예상치 못한 전략·전술, 즉 국가 및 군사전략, 작전술, 또는 전술 등을 구사하

---

53) 정보와 통신 분야에서 신기술이 개발되면서 새로운 국면이 시작되었다. 정보와 통신 수단이 탈중심화, 개인화되는 경향을 띠기 시작한 것이다. 민주주의 국가에서는 당연한 현상이지만 권위주의 체제에서도 여론은 활발하게 힘을 받기 시작했다. 북한은 예외가 되겠지만, 어떤 체제도 힘으로만 유지될 수는 없다. 대중의 지지를 얻지 못한다면, 최소한 격렬한 저항을 일으키지는 않아야 한다. 오늘날의 세계에서 어떤 체제든 정보 수단을 통제하는 것은 불가능해졌다. 시민 사회는 인터넷을 통해 스스로 정보를 얻고 교환하고 움직이고 있다. 과거에 정보를 독점하던 정부는 이제 그 힘을 상실했다. 이미 지가 권력의 중요한 요소가 되었고, 여론을 얻기 위한 전투는 재평가 된다. 파스칼 보니파스(최린 옮김), 『지정학, 지금 세계에 무슨 일이 벌어지고 있는가?』(서울: 가디언), pp. 221~222.

는 것을 의미한다. 전략을 크게 직접 전략과 간접 전략으로 구분한다면 강자는 신속하고 결정적인 결과를 얻기 위해 직접 전략을, 약자는 강자가 추구하는 결정적인 전역 또는 전투를 회피하기 위해 간접 전략을 선택할 가능성이 크다. 강자가 전격전과 같이 공세적인 방법을 통해 군사적 승리를 추구하는 반면, 약자는 강자의 신속한 승리를 거부하기 위해 소모전 또는 지연전을 추구하고 적에 대해 군사적 승리보다는 정치적 효과를 거두는 데 주력할 것이다.[54]

중국 혁명전쟁 시 모택동은 속전속결을 추구하는 국민당 군대에 대해 간접적 방법, 즉 유격전술과 지구전 전략을 취함으로써 승리를 거둘 수 있었다. 국민당 군대의 전략은 우세한 군대를 투입하여 적을 공격하는 직접적인 전략이었다. 초기 중국 공산당을 이끌었던 취추바이, 리리싼, 왕밍 등의 노선이 실패했던 것은 군사력이 미약했음에도 불구하고 대도시를 공격함으로써 국민당 군대에 직접 대항했기 때문이었다.[55]

이러한 사실을 인식한 모택동은 '16자 전법戰法'이라는 비대칭 전략을 구사한다. 즉 상대적으로 우세한 군대가 공격해 올 때는 즉각 퇴각하여 군사력을 보존해야 하고敵進我退, 적의 공격이 한계에 이르면 유격전으로 적을 교란시키며敵駐我攪, 敵疲我打, 적이 후퇴하면 추격하여 적을 격파하는 전략敵退我追을 구사했다. 이러한 비대칭 전략·전술을 구사하여 국민당과의 국공내전에서 승리를 쟁취할 수 있었다.[56]

---

54) 박창희, 앞의 책, pp.545~546.

55) 박창희, 위의 책, p.546.

56) 野中 郁次郎 等, 『戰略の本質 : 戰史に学ぶ逆転のリーダーシップ』(日本経済新聞社, 2008), pp.40~46.

3연임에 성공하여 제2의 모택동 시대를 연 시진핑은 모택동이 구사했던 비대칭 전략·전술을 심화 발전시켜 나가고 있다.[57] 미·중의 전략적 경쟁이 심화되고 있는 G2 대결의 국면에서 전략적인 승리를 추구하는 중국은 미국의 급소를 효과적으로 공격하기 위해 비대칭 전략을 지속적으로 구사하고 있는 것이다. 물리적 방법뿐 아니라 비물리적인 방법까지 한계를 초월하는 무한한 방법을 통해 비대칭 전략을 구사하는 초한전 超限戰 전략[58], 점혈전 点穴戰, Acupuncture warfare 전략, 살수간 殺手鐧 전략[59] 등의 비대칭 전략에 천착하고 있다.

전략·전술의 비대칭성을 분석할 때는, 국가전략 및 군사전략 등의 전략에 관한 전반적인 사항을 중심으로 하되, 전략을 달성하기 위해 수행하는 작전적 수준과 전술적 수준의 싸우는 방법 戰法까지 망라해서 분석할 것이다.

특히 전략의 비대칭성 측면에서는, 상대방의 강·약점 분석적 위협 분석 결과에 기초하여 전략적 차별성을 어떻게 추구하는지에 대해 분석한다. 즉 창의적인 군사전략이 상대국에게 비대칭성으로 작용하여 결국 그 비대칭성 창출이 어떻게 승리로 이어지는지를 분석한다. 적의 강점을 회피하고 적의 약점을 아군의 강점으로 공격하는 피실격허 避實擊虛를 통해 전략적 비대칭성을 얼마나 효과적으로 추구하는

---

57) "더 강해진 절대권력…'제2의 마오쩌둥' 시진핑 천하 열렸다," 『서울신문』, 2022.10.22.,

58) 차오량(喬良)·왕샹수이(王湘穗) 공저, 이정곤 옮김, 『초한전(超限戰)』, 서울: 교우미디어, 2021.

59) 마이클 필스버리는 조사를 통해 살수간 전략이 비대칭 전략인지를 알게 되었다고 다음과 같이 말한다. "추가 조사를 통해, 나는 군사적 맥락에서 살수간이란 힘이 약한 쪽이 자신보다 강한 적의 약점을 공격함으로써 상대를 이길 수 있는 비대칭 무기를 뜻한다는 것을 알게 되었다." 마이클 필스버리(한정은 옮김), 『백년의 마라톤』(서울: ㈜와이엘씨, 2022), pp.195.

지를 중심으로 분석할 것이다.

또한, 전략·전술의 비대칭성을 분석할 때, 불확실성fog of war이 지배하는 전장에서 급변하는 적의 위협 및 약점에 기민하고 창의적으로 대응할 수 있도록 교육훈련 혁신을 통해 임무형 지휘에 숙달되어 있는지까지를 분석할 필요가 있다. 러·우 전쟁 중 우크라이나의 선전에서 볼 수 있듯, 교육훈련 혁신에 의한 임무형 지휘에 기반한 지휘체계의 비대칭성은 전략·전술의 비대칭성을 극대화하는 촉매제가 되는 것이기 때문이다. 조상근도 '2022년 보병 전투 발전 세미나'에서 미군의 "Squad-X 프로그램의 장점"을 소개하며, "임무형 지휘에 기반한 Squad-X 프로그램이 권위주의 국가의 통제형 지휘체계에 비해 지휘체계의 비대칭성을 가지는 게 가장 큰 장점"이라고 강조한 바가 있다.[60]

이러한 지휘체계의 비대칭성은 초불확실성이 점증하는 미래 전쟁에 더욱 중요한 핵심 요인이 될 것이다. 이런 맥락에서 '육군비전 2050 수정 1호'에서도 매우 빠르게 불규칙적으로 변화하는 미래의 작전 환경에 의해 발생하는 다양한 적 위협에 기민하게 대응하기 위해 지휘통제의 기민·탄력성Agilience[61] 측면에서의 임무형 지휘를 강조하고 있는 것이다.[62]

---

60) 조상근, "美 Squad-X의 한국군 적용 분야와 적용 방향,"『2022 보병 전투발전 세미나』(2022.11.8.)

61) Agilience는 기민, 민첩, 유연함을 의미하는 Agility와 시스템의 회복과 복원을 넘어 한 수준 더 향상시키는 Resilience의 합성어로, 불확실한 환경 속에서 예상치 못한 사건이나 위기에 기민하게 대응하면서 위기를 기회로 전환시킬 수 있는 역량을 의미한다. 한국행정연구원,『미래공공인력의 전략적 양성을 위한 국가공무원인재개발원 혁신방안 연구』(세종: 경제·인문사회연구회, 2021) p.46.; 서용석,『超불확실성 시대의 미래전략』(대전: KAIST 문술미래전략대학원, 2021), p.84.

62)『육군비전 2050 수정 1호』, pp.69~70.

## 4) 시·공간의 비대칭성

시·공간의 비대칭성은 상대와 차별되는 결심 주기OODA 주기[63]와 전장 공간에서의 비대칭적 우위를 확보하는 것을 의미한다. 전쟁이 발생하는 전투 현장에서 전투력과 함께 시간과 공간은 전투를 구성하는 3요소이기에, 전략·전술적 측면에서 전투력을 운용하는 구체적인 방법의 비대칭성과 함께 전장을 구성하는 환경적 요인인 시간과 공간을 종합적으로 분석할 필요가 있다. 따라서 상대와 다른 차별화된 시간과 공간을 추구한다는 것은 중요한 요소가 아닐 수 없다.

시간의 비대칭성을 분석할 때는, 최근 전쟁에서 세계적인 트렌드인 결심 주기에 주목한다. 전쟁은 본질적으로 OODA 주기에 따라 감시, 결심, 타격으로 진행되는데, 시간 측면에서의 전쟁 승패는 이 주기를 상대적으로 얼마나 빨리 수행할 수 있느냐에 따라 좌우된다고 할 수 있다. 이러한 OODA 주기 측면에서의 비대칭성이 전쟁에 얼마나 영향을 주는지를 분석한다. 또한, 결정적 시기 포착, 작전 템포 유지 등과 같은 작전 진행 과정에서의 술적 영역까지 분석한다. 공자와 방자 간의 상대적 시간 개념이 전쟁에 미치는 영향까지 포함한다.

다음으로 공간의 비대칭성은 전장 영역의 비대칭성을 중점적으로 분석하며, 물리적 영역과 비물리적 영역을 망라하여 상호 교차되어 운영되는 전 영역을 분석한다. 현대 전쟁 및 미래 전쟁은 지상, 해양,

---

63) OODA 주기는 존 보이드(John Boyd) 미 공군 대령에 의해 제시된 개념으로, 주어진 상황에 대해 관찰(Observation)－판단(Orientation)－결심(Decision)－행동(Action)으로 구성되는 의사결정과정이다. 존 보이드는 이러한 과정을 빠르게 운영하여 상대가 예상치 못한 공격 속도 또는 방식을 통해 적의 상황을 혼란스럽게 만듦으로써 적의 대응 능력 및 저항 의지를 동시에 마비시킬 수 있다고 보았다. 국방부, 『국방비전 2050』, p.52.

공중의 기존 영역뿐 아니라 우주, 사이버 전자기 스펙트럼, 인지 영역 등의 새로운 영역으로 확장되어 상호 교차된 물리적, 비물리적 모든 영역을 활용하여 전쟁을 수행한다. 누가 더 많은 영역을 효과적으로 활용하느냐에 따라 전쟁의 승패가 좌우된다. 공간의 측면에서 볼 때 상대방에 비해 영역의 비대칭성을 얼마나 추구하느냐에 따라 상대적인 전투 효율성이 좌우된다고 볼 수 있다. 따라서 공간의 비대칭성 측면에서는 전장 영역의 비대칭성이 전쟁에 미치는 영향을 분석한다.

지금까지의 논의를 종합하면, 비대칭성 창출의 4대 핵심 요인별 주요 분석 요소를 <표 2-3>과 같이 정리할 수 있다.

**〈표 2-3〉 비대칭성 창출의 4대 핵심 요인별 주요 분석 요소**

| 핵심 요인 | 주요 분석 요소 |
|---|---|
| 수단·주체의 비대칭성 | • 물리적 수단: 유형 전투력 측면의 수단(High-Low 믹스)<br>• 비물리적 수단: 무형 전투력 측면의 수단<br>• 국가 총력전 차원의 국내적 domestic 주체<br>• 국제 총력전 차원의 전 지구적 global 주체 |
| 인지의 비대칭성 | • 전쟁 당사국 국민 인식<br>• 전 세계적 여론 동향<br>• 전쟁 지도자의 리더십 |
| 전략·전술의 비대칭성 | • 전략적 수준의 전략: 국가전략, 군사전략<br>• 작전적, 전술적 수준의 싸우는 방법(戰法)<br>• 교육훈련 및 지휘체계: 임무형 지휘, 통제형 지휘 |
| 시·공간의 비대칭성 | • OODA 감시-결심-타격 주기<br>• 전장 영역 중 물리적 공간 / 비물리적 공간: 지상, 해양, 공중, 우주, 사이버 전자기 영역, 인지 영역 |

## 3. 군사혁신 비교 방안 모델

<표 2-1>에서 제시한 가설을, <표 2-2> 전통적 군사혁신의 3대 핵심 요인별 주요 분석 요소와 <표 2-3> 비대칭성 창출의 3대 핵심 요인별 주요 분석 요소로 검증하기 위해 군사혁신 비교 방안 모델을 아래 <그림 2-2>와 같이 구조화 및 도식화하고자 한다.

<그림 2-2> 비대칭성 기반의 한국형 군사혁신Asymmetric K-RMA 분석 모델

| 구분 | 전통적 군사혁신 | 비대칭성 기반 군사혁신 (新 군사혁신) |
|---|---|---|
| 군사혁신 원리 | 대칭적 혁신 | 비대칭적 혁신 |
| 핵심 요인 | ① 전력체계 혁신<br>② 작전운용개념(戰法) 혁신<br>③ 구조·편성 혁신 | ① 수단·주체의 비대칭성<br>② 인지의 비대칭성<br>③ 전략·전술의 비대칭성<br>④ 시·공간의 비대칭성 |
| 군사혁신 성과 <br>*전쟁, M&S | 장기적 추진, 한계 有 | 단기적으로 효과, 전통적 군사혁신의 한계 극복 |
| 사례 분석/ 검증 | 러시아 / 한국 | 우크라이나 / 중국 |
| 비교 분석 | 비대칭성 기반의 한국형 군사혁신(K-RMA)을 위한 전략적 접근 방안 도출 ||

위의 <그림 2-2>처럼 '비대칭성 기반의 한국형 군사혁신Asymmetric K-RMA'은 새로운 도약적·혁신적 군사혁신 패러다임에 걸맞은 새로운 군사혁신 비교 방안 모델을 활용하여 분석한다.

전통적인 군사혁신은 3대 핵심 요인인 전력체계 혁신, 작전운용개념戰法 혁신, 구조·편성 혁신을 독립변수로 러시아와 한국의 국방개혁 사례를 분석하여 장기적으로 추진되어야 하고, 그 과정에서 구조적 한계점을 노정露呈시킨다는 것을 검증할 것이다.

새로운 군사혁신의 패러다임인 비대칭성 기반의 군사혁신은 비대칭성 창출의 4대 핵심 요인인 수단·주체의 비대칭성, 인지의 비대칭성, 전략·전술의 비대칭성, 시·공간의 비대칭성을 독립변수로 우크라이나와 중국의 군사혁신 사례를 분석하여 단기적으로 효과를 창출하여 전통적 군사혁신의 한계를 극복한다는 것을 검증할 것이다.

다시 말해, 선행연구와 본질 규명을 통해 도출한 후 군사전문가 검증을 거친 비대칭성 창출의 4대 핵심 요인을 독립변수 삼아, 현재 러·우 전쟁에서 그 성과를 보이는 우크라이나의 군사혁신 사례와 미·중 전략적 경쟁에 대응하기 위한 중국의 군사혁신 사례를 분석하면서 새로운 군사혁신 패러다임의 실효성을 검증하고자 한다.

이러한 분석 과정을 거친 후 분석 결과를 비교 분석하여 한국군에 적용할 수 있는 전략적 접근 방안을 제시함으로써 한국군의 '국방혁신 4.0'의 추동력을 제고하는 데 실질적인 시사점을 제공할 것이다.

제 **3** 장

# 전통적 군사혁신의 성과와 한계

제1절 개요

제2절 러시아의 국방개혁

제3절 한국의 국방개혁

제4절 전통적 군사혁신의 한계와
        패러다임의 전환

# 제3장

# 전통적 군사혁신의 성과와 한계

## 제1절 개요

전술前述한 대로, 전통적 군사혁신은 주요 군사 선진국들이 1990년대 걸프전쟁 이후 첨단과학을 적용한 현대화된 군대를 지향하면서 경쟁적으로 추진하고 있는 개념이기에 상대가 있는 전장에서 상대적 우위를 차지하는 측면에서 구조적 한계가 있을 수밖에 없다.

제3장에서는 이러한 전통적 군사혁신의 한계를 드러내고 있는 러시아와 한국의 국방개혁 사례를 분석할 것이다. 즉 러시아와 한국의 국방개혁 사례를 전통적 군사혁신 관점에서 분석하여 전통적 군사혁신의 한계점을 분명히 하고자 한다.

먼저 러시아의 국방개혁은 현재 진행되고 있는 러·우 전쟁에서 그 효과를 검증할 수 있기에 가장 적절한 사례 중 하나이다. 지난 2022년 2월 24일 러시아가 우크라이나를 침공하여 발생한 러·우 전쟁이 최단기간 내 러시아의 압도적인 승리가 예상되었지만, 여전히 진행되고 있을 뿐만 아니라 그 결과도 예측하기 어려운 혼전 양상을 띠고 있다.[1] 러시아가 고전苦戰을 면치 못하고 있는 것이다. 이런 맥락에서 볼 때, 러·우 전쟁에서 러시아의 고전 이유를 전통적 군사혁신 관점의 한계 측면에서 규명함으로써 '국방혁신 4.0'을 통해 제2의 창군 수준으로 군대를 전반적으로 재설계하고 있는 한국군에 주는 시사점을 찾는 것은 의미가 적지 않다.[2]

다음으로, 한국의 국방개혁이 지금까지 왜 지지부진했었는지에 대한 이유를 전통적 군사혁신 관점의 한계 측면에서 분석할 것이다. 노태우 정부 시절 '장기국방태세 발전방향818계획'에서부터 30여 년간 정부마다 다양한 명칭과 내용으로 실시되고 있는 한국 국방개혁의 한계점을 전통적 군사혁신의 관점에서 구조적으로 분석하고 그 한계점을 도출하여 '국방혁신 4.0'에 주는 시사점을 제시하고자 한다.

정리하면, 러시아와 한국의 국방개혁을 분석하여 전통적 군사혁신이 가진 구조적인 한계점을 분명히 할 것이다. 특히 장기적 추진으로 인한 피로감 증대, 첨단기술 편향의 혁신, 대칭적이고 사후적인 혁신 추진으로 인한 다양한 문제점을 드러내고 있다는 점 등을 밝히고자 한다.

---

1) 합동군사대학교, 『러시아 – 우크라이나 전쟁 분석 – 군사적(합동성) 관점에서의 전훈 분석 및 함의』(충남 계룡: 국방출판지원단, 2022), p2.

2) 세계 2위 강군도 비틀대는 이유…국방혁신, 러 실패서 배워라 [Focus 인사이드], 『중앙일보』, 2022.3.15. https://www.joongang.co.kr/article/25055431#home (검색일: 2023.11.5.)

# 제2절 러시아의 국방개혁

　1992년 러시아는 NATO의 외부 위협에 대비하고, 인접국의 자국민 보호와 지역 분쟁 조정자 역할이 요구됨에 따라 소련군을 인수하여 러시아 연방군을 창설했다. 연방군 창설 이후 강력한 공군력과 정교한 지휘통제체계를 갖추어 전면전을 수행할 수 있는 현대화된 군대로 혁신하고, 새로운 국경 지대에서 발생할 수 있는 국지적인 분쟁에 대비하기 위한 고도의 기동성을 갖춘 군대로의 혁신을 추진하기 위해 전통적 군사혁신 개념으로 국방개혁을 추진하기 시작했다.[3]

　다음 <표 3-1>에서 보는 바와 같이, 지금까지 러시아의 국방개혁은 4차례 실시되었다. 옐친 대통령 시기에 두 차례 실시되었고, 3차 국방개혁은 푸틴Valdimir Putin 대통령이 취임한 2000년부터 추진되었으며, 4차 국방개혁은 메데베데프[4] 대통령 집권 시기에 시작하여 2012년 푸틴 대통령이 재집권한 이후 지금까지 추진되고 있다.

---

3) 합동군사대학교, 앞의 책(충남 계룡: 국방출판지원단, 2022), p.65.
4) 메데베데프(Dmitry Medvedev)는 러시아 3대 대통령으로 2008년부터 2012년까지 직무를 수행했으며, 대통령 시절 총리로 푸틴을 임명하였다. 2012년 대통령 퇴임 후에는 푸틴 정부에서 러시아 10대 총리로 2020년까지 직무를 수행했다. 2020년 현재는 통합 러시아 정당 대표이다.

<표 3-1> 러시아 국방개혁의 역사

| 옐친<br>('91~'99) | 푸틴 1기<br>('00~'08) | 메데베데프<br>('08~'12) | 푸틴 재집권<br>('12~) |
|---|---|---|---|
| 1, 2차 국방개혁 | 3차 국방개혁 | 4차 국방개혁 | 4차 국방개혁 수정 |
| 걸프전쟁,<br>1차 체첸전쟁<br>('94~'96년) | 강한 러시아,<br>강한 러시아군 | 조지아 전쟁<br>('08년) | 유로마이단 사건<br>('13년) |
| • 국방부, 총참모부<br>  설치<br>• 병력 감축, 기동<br>  군 창설<br>• 군종 개편, 작전<br>  역량 구축<br>• 국지적 분쟁 대비 | • 군에 대한 통제력<br>  강화<br>• 합동지휘 구조<br>  추진<br>• 군 전투력 강화 | • New Look (가<br>  장 급진적 개혁)<br>• 군 구조 개혁<br>• 지휘 구조 개선<br>• 군 현대화 /<br>  전투력 개선 | • New Look 수정<br>• 군 구조 개혁 완성<br>• 지휘 구조 개선<br>• 하이브리드 역량<br>  강화<br>• 군 전투력 강화 |

* 출처: 합동군사대학교, 『러시아-우크라이나 전쟁 분석-군사적(합동성) 관점에서의 전훈 분석 및 함의』(충남 계룡: 국방출판지원단, 2022), pp.65~71.

    푸틴 대통령이 집권한 이후 실시한 3차 국방개혁에 이어 메데베데프 대통령 시절의 4차 국방개혁은 2008년 8월 러시아-조지아 전쟁 Russo-Georgian War에서 초래된 군구조에 대한 문제점을 해결하기 위해 전통적 군사혁신 개념을 적용한 국방개혁을 본격적으로 적용하여 러시아군을 혁신했다. 그 결과 21세기 변화된 전장 환경에 적응하기 위한 러시아의 국방개혁은 여단 중심의 군 편제 개편 및 병력 감축, 무기체계의 현대화, 작전 및 전투 능력 향상 등에서 두드러진 성과가 나타나기 시작했다.[5] 즉 전통적 군사혁신 개념으로 전력체계 혁신,

---

5) 윤지원, "러시아 국방개혁의 구조적 특성과 지속성에 대한 고찰: 푸틴 4기 재집권과 국가안보전략을 중심으로," 『세계지역연구논총』(제36집 제3호, 2018), p. 83.

작전운용개념戰法 혁신, 조직·편성 혁신 등을 조화롭고 균형되게 지속적으로 추진하면서 일정한 성과를 거두기 시작한 것이다.

그런데 러시아의 국방개혁은 2015년 시리아 내전에 참전하면서부터 전통적 군사혁신의 구조적 한계점을 드러내기 시작했다는 점에 주목할 필요가 있다. 2015년 이후 러시아의 국방개혁이 정규군 중심의 혁신에서 비정규군 중심의 혁신으로 중점이 변경되면서 전통적 군사혁신의 지속성 측면에 문제점이 발생하기 시작한 것이다. 2015년 이전까지의 러시아군은 게라시모프 독트린Gerasimov Doctrine[6]에 의해 발전시킨 하이브리드전Hybrid Warfare을 수행할 수 있는 역량을 갖추기 위해 정규군의 군사혁신에 방점을 두었었다. 그런데 2015년 대다수 러시아군의 간부가 시리아 내전에 참전한 이후부터 비정규전을 경험하고 그 중요성을 인식하기 시작하면서 국방개혁의 핵심까지 변경되기 시작하였다. 정규군 중심의 혁신이 아니라 비정규군 중심의 혁신을 추진하는 것으로, 군사혁신의 핵심이 변경되기 시작한 것이다. 미국이 아프가니스탄 전쟁에 참전하면서 정규전 대신 비정규전 중심으로 주요 작전 수행 능력과 부대구조를 변화시킨 것과 유사했다.[7] 즉 전통적 군사혁신의 지속성 측면에서 단절이 발생하기 시작했으며, 이것은 전통적 군사혁신의 구조적 한계점을 의미하기도 한다.

전통적 군사혁신은 전력체계 혁신, 작전운용개념戰法 혁신, 조직·

6) Roger N. McDermott, "Does Russia have a Gerasimov doctrine?," *Parameter*, Vol.46, No.1, 2016, pp.97~105.
7) 우크라이나－러시아 전쟁 분석(8) 군사혁신(Revolution in Military Affairs) 측면에서 바라본 러시아군의 전쟁 준비, 『NAVER 무기백과』, https://bemil.chosun.com/site/data/html_dir/2022/05/17/2022051701821.html?pan (검색일: 2023.11.5.)

편성 혁신이 균형되게 장기간에 걸쳐 지속적으로 추진되어야 성과를 거둘 수 있으나 지속성이 보장되지 않았다는 것은, 전통적 군사혁신의 한계점으로 작용할 수밖에 없었던 것이다. 여기가 바로 비대칭성 기반의 군사혁신이 필요한 지점이다. 적의 핵심 취약점인 급소를 찾아 효과적으로 아我 측의 강점인 전투력을 투사하는 비대칭성 기반의 군사혁신은 모든 분야에 집중하는 전통적 군사혁신과 비교해서 상대적으로 단시간 내에 성과를 창출할 수 있기 때문이다.

전통적 군사혁신 개념으로 추진된 러시아의 국방개혁 주요 내용을 3대 핵심 요인별로 세부적으로 분석하고 그 한계점을 도출하여 정리하면 다음과 같다.

## 1. 전력체계 혁신

전력체계 혁신 측면에서 러시아는 국방 예산을 대폭 확대하고 무기체계 노후화 개선을 위해 현대식 무기를 도입했다. 러시아는 미국의 MD 시스템의 동유럽 배치에 맞서 첨단 전략무기 재배치와 군사훈련을 적극적으로 실시했다. 2017년 말 러시아는 칼리닌그라드에 타격 능력이 정확한 최대 사거리 500㎞로 재래식 무기나 핵탄두 탑재가 가능한 이스칸데르 미사일을 상시 배치했다. 또한, 최근 러시아의 최첨단 무기를 시리아와 러시아의 극동 지역에 각각 배치 완료했다. 미국을 겨냥한 조치로 알려졌다. 시리아 휴메이밈Humaymim 공군기지에 'Su-57 제5세대 스텔스 전투기'를 배치하여 시리아 정부군 군사작전을 지원하고 있다.

　Su-57 스텔스 전투기 배치는, 러시아군이 2015년 시리아 내전에 개입한 이후 각종 첨단 장비와 무기를 배치하여 시리아 내전을 일종의 '무기 시험장'으로 활용하고 있다는 비난을 면하기 어렵게 만들었다. 실제 러시아군은 시리아 내전에 개입하여 지휘관<sup>자</sup>의 전투지휘능력을 강화하고 있고, 최신 무기체계에 대한 전투 실험도 실시했다. 이와 관련하여 쇼이구 국방장관은 2019년 12월 시리아 내전에서 Uran-9<sup>로봇전차</sup> Su-35·57<sup>전투기</sup>, Tu-160<sup>전략폭격기</sup>, S-400<sup>대공미사일</sup>, 9K720 Iskander-M<sup>단거리 탄도미사일</sup>, Ka-52<sup>전투헬기</sup> 등 201종의 첨단 무기체계에 대한 전투 실험을 진행했다고 밝힌 바 있다.[8]

　극동의 블라디보스토크 포드노지야Podnogia 공군기지에는 S-400 대공/탄도미사일 방어체계 2기를 배치했다. 군사전문가들에 따르면, "이번 S-400은 8기의 이동식 발사대TES, 1개의 표적 교전 레이더TER, 1개의 표적 탐지 레이더TAR로 구성 배치됐다. 인근 타비라찬카 공군기지에 배치된 S-300과 동시에 극동 지역의 대공/탄도미사일 방어체계 능력을 향상시킬 것으로" 평가했다. 러시아군은 대선 이후 4월 초 스웨덴 남부 주요 도시로부터 불과 10㎞ 떨어진 공해상에서 대규모 미사일 발사 훈련을 실시하는 등 주변국들을 한층 긴장시키고 있다.[9] 미사일 방어체계 구축은 레이더 기지 건설과 함께 우주 공간의 요격

---

8) 우크라이나-러시아 전쟁 분석(8) 군사혁신(Revolution in Military Affairs) 측면에서 바라본 러시아군의 전쟁 준비, 『NAVER 무기백과』, https://bemil.chosun.com/site/data/html_dir/2022/05/17/2022051701821.html?pan (검색일: 2022.5.30.)
9) 윤지원, 앞의 논문, p. 95.

도 가능한 것으로 알려진 S-500 시스템 개발로 이어지고 있다.[10]

이처럼 러시아는 전통적 군사혁신을 추구하기 위해 새롭게 등장한 기술에 의한 첨단 무기 개발의 전력체계 혁신에만 몰두했다. 러시아 군은 2015년 시리아에서 항공 타격 중심의 화력전을 전개하였고, 이에 몰두한 결과 러시아군 지상 전투체계의 핵심인 대대전술단을 구성하는 전차, 장갑차, 전술 차량 등과 같은 재래식 전력의 개선은 더딜 수밖에 없었다.[11] 즉 첨단 무기와 재래식 무기 개량을 함께 추구하는 High-Low Mix 개념의 최적화된 전력체계 혁신을 등한시한 것이다. 그 결과 현재 진행 중인 러·우 전쟁에서 러시아는 전차, 장갑차 등 성능이 제대로 개량되지 않은 재래식 전력체계로 인해 고전을 면치 못하고 있다. 러·우 전쟁은 첨단 무기뿐 아니라 기존 재래식 무기가 복합적으로 필요한 복합 전쟁 양상이 진행되고 있기 때문이다.

이런 맥락에서 미래 전쟁을 선제적으로 대비하기 위해 군사혁신을 추진할 때는, 30년 후의 2050년 미래 전쟁을 대비하는 장기 전략서

---

10) 김성진, "러시아 안보정책의 변화: 주요 안보문서를 중심으로," 『슬라브학보』(제33권 제2호, 2018), p.116. 러시아는 개발 중인 최첨단 방공미사일 'S-500 프로메테이(프로메테우스)'의 양산이 이미 진행되고 있다고 자국 방산업체 소식통을 인용해 타스 통신이 11일(현지시간) 보도했다. 보도에 따르면 러시아의 방공미사일 생산 전문 국영 방산업체 '알마즈-안테이'사가 현재 S-500 방공미사일 양산을 진행하고 있다고 현지 방산업체 소식통이 전했다. 소식통은 "지난해 말 국방부와 알마즈-안테이 간에 체결된 계약에 따라 미사일 양산이 진행되고 있으며, 2022년에 공중우주군에 공급될 것"이라고 설명했다. "러 최첨단 방공미사일 S-500 양산 시작…내년 공급 목표", 『연합뉴스』, 2021.8.11. https://www.yna.co.kr/view/AKR20210811144200080 (검색일: 2022.10.23.)

11) 우크라이나-러시아 전쟁 분석(8) 군사혁신(Revolution in Military Affairs) 측면에서 바라본 러시아군의 전쟁 준비, 『NAVER 무기백과』, https://bemil.chosun.com/site/data/html_dir/2022/05/17/2022051701821.html?pan (검색일: 2022.5.30.)

'육군비전 2050 수정 1호'에서도 강조하는 High-Low Mix 개념의 최적화된 전력체계 개발을 참고할 필요가 있다. "2050년 신개념 무기체계들이 기존의 육군 무기체계를 완전히 대체하는 것은 아니다. 무기 개발의 기술적 한계와 재원 투입의 제한 등으로 인해 전력화가 실현되지 않을 수 있다. 따라서 제한된 자원을 어떻게 하면 가장 효과적, 효율적으로 활용하여 부여된 사명을 감당할 수 있는지가 중요하다. 미래 지상군 작전 개념을 구현할 수 있도록 기존의 무기체계를 현대화하고, 신개념 무기체계를 선별적으로 확보해야 한다. 기존의 무기체계들을 그대로 유지하되 성능을 미래 작전 환경에 적합하도록 개량하여 다른 유·무인 무기체계들과 상호 연결하며, 적의 전략적 중심을 마비시킬 수 있는 게임 체인저를 선별적으로 집중적으로 육성하는 것이다."[12]

## 2. 작전운용개념戰法 혁신

작전운용개념戰法 혁신 측면에서 볼 때, 러시아는 하이브리드 전략을 근간으로 한다.[13] 고도의 정치 심리전과 함께 우크라이나 사회를 혼란에 빠뜨리고, 이후 고강도의 군사작전을 통해 우크라이나 정부와 국민의 저항 의지를 와해시키는 것이다. 러시아의 전략 개념은

---

12) 육군본부, 『육군비전 2050 수정 1호』, p.125.
13) 김강녕 외 2명, 『러시아·우크라이나 전쟁: 배경·전개·시사점』(한국해양전략연구소 22-13, 2022), pp.153~154.

게라시모프 독트린 혹은 차세대전new generation warfare[14] 이론에서 비롯된 것으로, 이에 의하면 러시아 전쟁은 다음과 같은 단계로 수행된다.[15]

1단계로, 정치 심리전 수행 단계이다. 개전 이전 수개월에 걸쳐 외교적·경제적·이념적 및 심리적·정보적 모든 수단들을 동원하여 상대국에게 선전·선동을 전개한다. 정치 심리전은 외교적 압력, 경제제재 위협, 수입관세 통제, 백색선전과 같은 공개적 행동으로부터 우방국에 대한 은밀한 지원, 흑색 심리전, 적국 내 지하조직 지원 등 비공개적 행동에 이르기까지 다양하게 이루어진다.[16]

2단계로, 사이버 및 전자전 공격과 함께 화력 타격을 실시하는 단계이다. 사이버 공격을 통해 상대의 핵심 인프라와 군 지휘통제체계를 마비시키고, 전자전 공격으로 적의 레이더와 통신시설 등을 교란시킨다. 이를 통해 적의 레이더와 통신이 작동하지 않으면 러시아군은 탄도미사일, 순항미사일, 드론, 해·공군을 동원하여 상대국의 전쟁지도부, 군 지휘소, 미사일 방어체계, 방공 체계, 공군기지, 해군기

---

14) H. R. 맥매스터(Herbert Raymond McMaster) 前 백악관 국가안보좌관은 자서전에서, 미국이 중국의 차세대전을 "군사력, 정치력, 경제력, 정보력과 컴퓨터 기술력을 결합한 치명적인 공격 형태"로 인식하고 경계심을 늦추지 않았다는 것을 밝히고 있다. H. R. 맥매스터(Herbert Raymond McMaster)(우진하 옮김), 『배틀 그라운드: 끝나지 않는 전쟁, 자유세계를 위한 싸움(Battlegrounds: The Fight to Defend the Free World)』(경기 파주: ㈜교유당, 2022), p.55.

15) Sergey Chekinov and S. Bogdanov, "The nature and Content of a New-Generation War," *Military Thought*(October-December 2013), pp.12~23.

16) Frank G. Hoggman, "The Contemporary Spectrum of Conflict: Protracted, Gray Zone, Ambiguous, and Hybrid Modes of War," *2016 Index of U.S. Military Strength*, The Heritage Foundation, 2016. pp.29~30.

지, 발전소 등 주요 표적을 파괴한다. 이러한 타격이 성공적으로 이루어지면 러시아군은 공중 우세와 해양 우세를 달성하여 기동에 유리한 여건을 조성할 수 있다.[17]

3단계로, 기동을 통해 결정적 성과를 달성하는 단계이다. 육군의 지상 기동과 해군과 해병대의 상륙작전, 육군과 공군의 공정작전을 통해 상대국 영토에 진입하여 적의 방어진지를 돌파하고 적 주력을 섬멸하며 주요 지역을 점령할 수 있다. 상대국이 방어력을 상실하고 더 이상 전투 의지를 갖지 못하면 러시아는 평화 협상에 나서 원하는 정치 목적을 달성할 수 있다. 하이브리드 전략은 군사적·비군사적 수단을 혼합해서 사용함으로써 압도적인 군사력 사용을 감소시켰다.[18]

한편, 러시아는 하이브리드 전략에 기반한 준비 태세 측면에서, 적응적 대비 태세 점검을 위해 불시점검 시스템을 적극적으로 도입했다. 러시아는 전비 태세 수준 평가를 위해 2013년부터 중요한 전략 방면의 부대를 대상으로 대통령이 지시해 비상이 발령되며, 매년 5~6개 부대가 불시점검훈련을 실시했다. 주요 훈련에는 지역 내 모든 작전 가용 요소를 통합 운용, 원거리 이동 및 현지에서 각 병종 간 협력, 신형 무기 사용 요령 숙달 및 실사격 등이 포함됐다. 2017년 불시점검훈련 6회, 연합훈련 35회 등 각종 훈련을 총 3,000회 시행했고 제 병종 통합 및 실전적 운용 등에 치중됐다. 이러한 실전적 훈련으

---

17) 박창희, "러시아의 우크라이나 침공과 전쟁의 패러독스: 군사적 관점에서의 사전 (Preliminary) 분석," 『한국해양전략연구소 Issue Focus』(한국해양전략연구소, 2022.4), pp.10~11.

18) 김경순, "러시아의 하이브리드전: 우크라이나 사태를 중심으로," 『한국군사』(제4호, 2018), p.63.

로 얻어진 전투 능력은 실전에서 좋은 성과를 달성했다. 예를 들면 2015년 9월 말부터 약 27개월 동안 시리아 이슬람 무장세력IS 격멸 작전에서 러시아군의 위력을 발휘했다. 2017년 12월 초 주력부대를 전격 철수했다. 이를 통해 러시아군의 중동 지역에서 영향력 확대, 군의 사기 진작, 실전 경험 획득, 무기 성능 제고, 무기 수출 증가 등 다양한 성과를 달성했다.[19]

그런데 지휘체계 측면에서, 러시아군은 중앙집권적이고 권위주의적인 통제형 지휘를 개혁하는 데까지는 이르지 못했다. 2014년 크림반도[20] 병합의 성공과 2015년 시리아 내전 참전으로 이어지는 성공에 도취한 계산 착오가 작용한 결과이기도 하다. 이렇게 성공에 도취한 자만심은 러시아의 국방개혁을 가로막고, 우크라이나를 침공하는 촉발 요인이 되기도 했다.[21] 즉 지나친 군사적 낙관주의와 희망적 사고wishful thinking는 군사혁신과 잘못된 정세 판단의 실마리가 될 수 있다는 데 유념할 필요가 있다.[22]


## 3. 구조·편성 혁신

구조·편성 혁신 측면에서는 군 지휘통제 기능 조정 및 군관구 개

---

19) 윤지원, 앞의 논문, p.91.
20) 우크라이나어로는 크름반도지만, 크름반도가 러시아에 복속되었기에 러시아어인 크림반도로 명기한다.
21) 주은식, "러시아 국가안보 전략 평가와 영향: 러시아-우크라이나 전쟁에서의 성과 평가,"『전략연구』(제29권 제2호, 통권 제87호, 2022.7), p.48.
22) 김강녕 외 2명, 앞의 책, p.160.

편[23], 병역 제도 등의 혁신을 통해 병력을 감축했다. 그런데 국지적 분쟁, 비정규전 위주의 무리한 병력 감축으로 인한 문제점이 현 러·우 전쟁에서 노정露呈되고 있다.

푸틴 대통령은 국방개혁과 군 현대화를 통해 병력 규모를 축소하고 군의 효율적인 국방 관리를 위해 병력의 전반적인 감축과 국방의 전문성을 지닌 군대 육성에 주력했다.[24] 러시아군 해·공군 부대의 50%, 육군 부대의 90% 정도의 수를 줄이는 과감한 구조조정을 단행하면서 장교 정원을 약 60% 축소하는 개혁을 추진했다.[25] 2009년 115만 명으로 추산되는 병력을 약 102만 7,000명으로 감축했다. 이 중 육군은 36만 명, 해군은 14만 2,000명, 공군은 16만 명, 기타 병종 및 직할 부대는 36만 5,000명이다. 2012년에는 추가 병력 감축에 의해 100만 명으로 감축했다. 특히 2016년에는 장교단 규모를 기존 33

---

23) 군관구 개편은 기존의 동·서·남·중부의 4대 군관구를 서부 군관구 책임지역 일부를 분리하여 군관구급 북부함대를 신설한 것으로, 이는 2009년 메데베데프 정부 시절부터 인식한 북극의 지하자원과 북극항로의 전략적 가치를 선점하고 유지하기 위해 푸틴 대통령이 발표한 '러시아 연방 북극권 개발전략'을 군사적으로 뒷받침하려는 의도로 추진되었다. 새롭게 신설된 북부함대에는 북해함대를 중심으로 육군의 80보병여단과 공군 45사령부로 구성되었다. 2022년 현재 프란츠요제프 군도의 토레포일 기지와 노비야제믈라 제도의 틱시 섬 등 약 425개의 군사시설을 건설하고, 북극 기상을 감시하는 전용 위성 '아르크티카–M'도 발사하는 등 북극에 대한 우월적 선점권을 확보하기 위해 군사적 행위를 강화하고 있다. 박종관·정재호, "북극, 냉전시대의 희귀 '신냉전' 군사·안보공간으로 확대되나?,"『KIMS Periscope 제205호』(한국해양전략연구소, 2022)

24) 윤지원, 앞의 논문, p.88.

25) [국방개혁2.0 Q&A] 5. 북한 위협 감소되지 않았는데 병력 감축, 부대 축소, 병 복무 기간 단축 등을 추진하면 전반적으로 군사력이 약화되는 것은 아닌가?,『국방일보』, 2018.8.12. https://kookbang.dema.mil.kr/newsWeb/20180812/9/BBSMSTR_000000010205/view.do (검색일: 2022.10.22.)

만 5,000명에서 15만 명으로 축소했다. 기존 65개의 각종 군사학교를 통폐합하여 15개의 권역별 종합교육 및 연구기관으로 통합했다. 국방부와 총참모부를 포함한 중앙 지휘 및 통제 조직 역시 재편 및 감축을 단행하여 국방부와 총참모부 인력 2만 2,000명을 8,500명으로 감축했다.[26]

군 규모 감축과 동시에 군의 전문화를 위한 병력 운용계획의 일환으로 징병 인원을 축소하는 대신 계약 군인제를 실시했다. 동 계획은 기존의 준사관 제도를 폐지하고 부사관 제도를 신설하며, 계약병 및 부사관을 합쳐 42만 5,000명을 충원하여 전문 직업 군대를 육성하려는 목적에서 시행되었다. 이행 계획에 따르면 계약 군인콘트라크트니키, 계약직 전문 병사을 2008년까지 40만 명상설즉응부대에 14만 7,000명으로 증가시키는 것인데, 실제로는 2008년까지 20만 명상설즉응부대에 약 10만명에도 이르지 못했으며, 오히려 계속 감소해 2010년에는 15만 명이 되었다. 이처럼 계약군제로의 전환이 답보 상태에 처하게 된 데에는 계약병을 증가시키기 위한 예산을 확보하기 어려웠으며, 2009년 세계 금융위기의 영향으로 국방 예산에서 계약군 예산이 대폭 삭감되었기 때문이다.[27]

2008년 이후 초기 진행 과정에서 미흡했던 계약병 충원 계획은 군인 봉급 인상, 주택과 관사 보급 등 사회보장 대책이 확대되고, 전 국민적 애국심 함양 노력 등으로 군 복무에 대한 사회적 인식이 향상되

---

26) 우평균, "러시아의 국방개혁: 성과와 시사점,"『중소연구』(제40권 제2호, 2016), p.129.
27) 우평균, 앞의 논문, p.129.

면서 점차 호전되기에 이르렀다.[28] 2016년 현재 계약 군인의 월 평균 임금을 보면, 병사가 3만 루블, 부사관 4만 루블, 중위 5만 5,000루블을 받고 있다고 한다2016년 러시아 근로자 평균 2만 8,000루블. 전체 계약병 숫자도 2014년부터 징집병27만 3,000명을 초과29만 5,000명하기 시작하여 2015년에는 35만 2,000명에 달하게 되었고, 2020년에는 50만 명에 달하게 된 게 그나마 다행이었다.[29]

지휘구조 개편은 지휘체계의 단순화에 초점을 두고 군구조 개편과 함께 추진되었는데, 기존의 군관구-군-군단-사단-연대의 5단계 지휘체계를 군관구-군-제병협동여단의 3단계로 단순화하고,[30] 지휘체계에서 제외된 지상군 군단과 23개 사단을 해체하는 대신, 48개의 제병협동여단과 포병여단, 정찰여단과 같은 전투 지원 기능을 가진 48개의 특수 여단 등 총 96개의 여단을 창설하기로 계획하였다.[31] 그리고 지상 전투부대에 물자와 식량을 공급할 수 있도록 국방부 예하에 다기능 지원 여단을 편성하고, 9개의 지원 기지와 10개의 철도여단을 창설하도록 하였다. 예비군 체계도 15개의 물자 및 무기보급기지로 개편하고 각 기지가 1개 여단, 즉 1개의 전차여단과 14개

---

28) 김규철, "러시아군, 국익 실현의 선봉에 나서다," 한국외국어대학교 러시아연구소, 『2015 Russia Report: 분야별 평가와 전망』(서울: 도서출판 이환, 2016), p.100.

29) 우평균, 앞의 논문, p.130.

30) 제동협동여단은 전차여단과 차량화소총여단으로 구분되며, 특수여단에는 미사일여단, 포병여단, 방공여단, 특수작전여단, MOT 여단 등이 있다. 이 중 전차여단의 경우에는 3개 전차대대와 1개 차량화소총대대, 1개 공병중대가 편성된다. 전차여단 예하 전차대대는 3개 전차중대(중대당 전차 10대)로 편성되며, 차량화소총여단은 1개 전차대대와 3개 차량화소총대대, 1개 공병대대, 1개 대전차대대가 편성되며, 예하 전차대대는 4개 전차중대(중대당 전차 41대)로 편성된다.

31) 우평균, 앞의 논문, pp.125~126.

의 자동화소총여단을 편성할 수 있도록 하여 지역 내 군관구뿐만 아니라 타 군관구에서 전개한 증원부대나 예비부대들에 대해서도 무기를 보급하고 지원할 수 있도록 하였다.[32]

종합적으로 볼 때, 러시아는 구조·편성 혁신 측면에서 지휘구조 개편, 군관구 개편, 지휘체계 단순화 등을 통해 병력 감축을 지향하는 국방개혁을 추구해 왔지만, 국지적 분쟁만을 상정한 무리한 병력 감축 기반 병력구조, 부대구조 개편을 추진했던 점을 지적하지 않을 수 없다. 그 결과 2022년 현재 러·우 전쟁에서 그 문제점이 드러나고 있는 것이다.[33]

## 4. 소결론

전술前述한 대로 2022년 2월 24일 러시아가 우크라이나를 침공하기 이전까지 러시아는 국방개혁을 통해 전력체계 혁신, 작전운용개념戰法 혁신, 구조·편성 혁신을 통한 전통적인 군사혁신을 추진했다. 푸틴 대통령이 2004년에 두 번째 임기를 시작하면서부터 본격적으로 개혁을 추진했다. 특히 러시아군은 2008년에 발생한 조지아 전쟁 이후 전면전에 대비하여 첨단 무기체계 개발을 통한 전력체계 혁신, 군의 지휘체계와 구조 개편을 통한 구조·편성 혁신, 적응적 대비 태

---

32) 육군군사연구소, 『러시아와 우크라이나의 국방개혁과 새로운 전쟁』(충남 계룡: 국군인쇄창, 2019), p.133.

33) 우크라이나-러시아 전쟁 분석(8) 군사혁신(Revolution in Military Affairs) 측면에서 바라본 러시아군의 전쟁 준비, 『NAVER 무기백과』, https://bemil.chosun.com/site/data/html_dir/2022/05/17/2022051701821.html?pan (검색일: 2022.5.30.)

세 점검 및 하이브리드전Hybrid Warfare 개념 발전 등의 작전운용개념

戰法 혁신을 통한 강도 높은 군사혁신을 추진했다.[34]

이와 같은 고강도 군사혁신의 성과는 2014년 크림반도의 무혈 병합과 연이은 돈바스 전쟁에서의 성과로 입증되었다. 또한, 중동지역 등에서 러시아군의 영향력 확대, 군 내부의 사기 진작, 실전 경험을 통한 전투 능력 향상, 무기 성능 제고를 통한 무기 수출 증가 등의 다양한 부수적인 성과도 달성했다.

하지만 휴브리스Hubris에 취한 러시아는 2015년 시리아 내전에 개입하면서부터 전면전에 대비한 전통적 군사혁신을 지속적으로 추진하지 않아 효과를 상실하기 시작했다.[35] 여기서 전통적 군사혁신은 지속성이 결여될 경우에 가장 치명적인 한계에 봉착한다는 것을 알 수 있다. 전통적 군사혁신은 다음 <그림 3-1>처럼 혁신의 노력이 지속적으로 축적되어Time, 어느 한 시점에서 급진적인 전투 효과성 Combat Effectiveness이 발휘될 때 발생하기 때문이다. 이런 맥락에서 볼 때, 전통적 군사혁신의 필요조건 중 하나가 군사혁신 노력의 지속성을 보장하는 것이라 볼 수 있다.[36]

---

34) 우평균, 앞의 논문, pp.124~125.

35) 우크라이나-러시아 전쟁 분석(8) 군사혁신(Revolution in Military Affairs) 측면에서 바라본 러시아군의 전쟁 준비, 『NAVER 무기백과』, https://bemil.chosun.com/site/data/html_dir/2022/05/17/2022051701821.html?pan (검색일:2022.5.30.)

36) 우크라이나-러시아 전쟁 분석(8) 군사혁신(Revolution in Military Affairs) 측면에서 바라본 러시아군의 전쟁 준비, 『NAVER 무기백과』, https://bemil.chosun.com/site/data/html_dir/2022/05/17/2022051701821.html?pan (검색일:2022.5.30.)

<그림 3-1> 군사혁신의 지속성

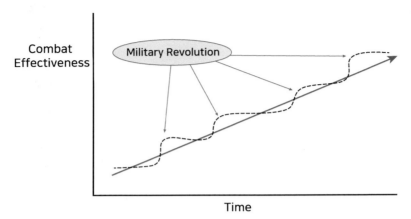

* 출처: Thinking of Revolution in Military Affairs (RMA). Towards a common understanding of RMA.[37]

한편, 러시아는 체첸 전쟁, 조지아 전쟁에서 교훈을 얻어 전면전에 대비한 전통적 군사혁신 개념으로 정규군 중심의 국방개혁을 강력하게 추진했지만, 크림반도 병합 이후 시리아 내전에 참전하면서 국지적 분쟁에서 대비하는 비정규전 중심의 국방개혁에 경도傾倒되었기 때문에 군사혁신의 지속성을 유지하지 못했다. 지속성 측면에서 볼 때, 전면전에 대비하는 정규군 중심 군사혁신의 단절로도 분석할 수 있다. 지속성이 단절된 결과, 겉으로는 합동성 강화를 위한 국방개혁까지 추구했지만, 국지적 분쟁 해결을 위한 비정규군 건설에 집중한 나머지 전면전에 대비한 실질적인 합동성 강화를 위한 전투력 건설

37) H. Nordal, *Thinking of Revolution in Military Affairs (RMA). Towards a common understanding of RMA.*(2013) https://www.semanticscholar.org/paper/Thinking-of-Revolution-in-Military-Affairs-(RMA).-a-Nordal/1f792860fb469b90224c3051f6cb028c561dcbaa (검색일: 2022.10.23.)

까지는 도달하지 못했다. 이것은 현재 진행 중인 러·우 전쟁이라는 전면전에서 러시아가 고전을 면치 못하고 있는 이유 중 하나이다.[38]

종합적으로 분석할 때, 러시아의 국방개혁은 러·우 전쟁에서 전통적인 군사혁신의 구조적인 한계를 보이기 시작했다고 보는 게 더 적절한 설명일 수 있다. 장기간 지속적인 노력의 축적으로 추진할 수밖에 없는 전통적 군사혁신의 구조적 한계는 상대가 있는 전장에서 경쟁자들이 앞다투어 군사혁신을 추진할 때 경쟁적 우위를 점할 수 없다는 구조적 한계와 함께 군사혁신을 추진할 때 반드시 유념해야 할 요소이다.

이러한 구조적 한계점을 극복하기 위해 새로운 군사혁신의 개념으로 패러다임을 전환하기 위해 상대의 핵심 취약점인 급소를 찌르기 위한 비대칭성 기반의 군사혁신을 추진할 필요성을 이 책에서 제기하는 이유이기도 하다. 상대방의 핵심 취약점인 급소를 지향하는 군사력 건설과 군사력 운용을 선택과 집중하여 효율적으로 추진하기에 전통적 군사혁신보다 비교적 단기간에 상대방보다 경쟁적 우위를 효과적으로 달성할 수 있는 게 비대칭성 기반의 군사혁신이기 때문이다.

지금까지 전통적 군사혁신의 관점에서 분석한 러시아 국방개혁의 한계뿐 아니라, 러시아가 우크라이나를 침공하는 과정에서 범하고 있는 다양한 측면의 과오는 군사혁신 개념으로 추진 중인 한국의 국방개혁에 유의미한 시사점이 될 것이다.[39] 즉 러시아의 국방개혁 사례는 한국의 국방개혁이 전통적 군사혁신의 한계점을 넘어서기 위해

---

38) 러시아의 국방개혁을 연구 중인 이승우 합동군사대 교수와의 전화 인터뷰(2022.11.14.)

39) 세계 2위 강군도 비틀대는 이유…국방혁신, 러 실패서 배워라 [Focus 인사이드], 『중앙일보』, 2022.3.15. https://www.joongang.co.kr/article/25055431#home (검색일: 2022.5.30.)

새로운 군사혁신의 패러다임인 '비대칭성 기반의 군사혁신' 개념으로 추진되어야 할 이유를 설명해 준다고도 말할 수 있다.

정리하면, 전통적 군사혁신 관점으로 분석한 러시아 국방개혁의 성과와 한계는 아래 <표 3-2>와 같다.

<표 3-2> 러시아 국방개혁의 성과와 한계

| 구 분 | 주요 내용 |
|---|---|
| 전력체계 혁신 | • 새로운 기술에 의한 전력체계 개발을 강조하는 전통적 군사혁신 추진으로 첨단 무기 개발 위주 집중<br>• 재래식 전력의 성능 개량을 등한시하여 첨단·재래식 복합전장에서의 재래식 전투에서 전투력 발휘 제한 |
| 작전운용개념 (戰法) 혁신 | • 게라시모프 독트린에 의해 하이브리드 전략 개념 도입<br>• 불시점검 시스템을 통한 실질적인 대비 태세 점검<br>• 중앙집권적인 폐쇄적 지휘체계에 의한 통제형 지휘는 불확실성이 지배하는 전장에서의 기민한 대응에 부적절 |
| 구조·편성 혁신 | • 안보 정세를 면밀하게 분석하지 않은 무리한 부대 및 병력 감축<br>• 무리한 복무 기간 단축<br>• 성급한 모병제 추진으로 병력 확보 부족 현상 발생 |
| 성 과 / 한 계 | • 새로운 무기체계 개발 중심의 전통적 군사혁신 추진으로 첨단전력 개발에는 일정한 성과를 창출했으나, 재래식 전력의 성능 개량을 등한시하여 첨단·재래식 복합전쟁에 부적절<br>• 하이브리드 전략 개념 도입과 불시 점검 시스템 가동을 통해 전투력 유지 및 향상에 노력했으나, 통제형 지휘로 실제 전장에서 기민한 전투지휘 제한<br>• 무리한 부대 및 병력 감축, 복무 기간 단축으로 적정 수준의 병력 확보 제한<br>• 전통적 군사혁신은 장기간 소요되는 구조적 한계가 있어 지속적 추진 제한 시 성과 창출 제한 |

# 제3절 한국의 국방개혁

　1970년대부터 한국군도 미군과의 연합방위체제에서 괄목할 만한 발전을 이룩한 바 있다. 그리고 새로운 정부 출범과 함께 광범위한 국방혁신을 추진하기 위해 준비하고 있다. 이러한 준비 과정에서 가장 선행해야 할 사항은 지금까지 한국이 추진해 온 국방개혁의 성과와 한계를 냉철하게 분석 평가하는 노력이라고 생각한다.[40]

　한국의 국방개혁을 연구한 논문들을 전반적으로 검토했다. 한국의 국방개혁에 관한 연구들은 적지 않다. 이를 대별해 보면[41] 외국의 국방개혁과 시사점을 연구한 논문,[42] 각 정부별 국방개혁을 연구한

---

40) 세계 2위 강군도 비틀대는 이유…국방혁신, 러 실패서 배워라 [Focus 인사이드], 『중앙일보』, 2022.3.15. https://www.joongang.co.kr/article/25055431#home (검색일: 2024.2.12.)

41) 김열수, "역대 정권의 군구조 분야 국방개혁: 평가와 대안," 『신아세아』(제25권 제4호 통권 97호, 2018), p.193.

42) 홍규덕, "국방개혁과 군비통제: 독일·프랑스·호주 사례를 중심으로," 『전략연구』(제26호, 2002); 홍성표, "프랑스 국방개혁 교훈을 통해 본 한국군 개혁방향," 『신아세아』(제45호, 2005); 심경욱, "'성공적인 국방개혁'의 관건 및 추진전략," 『전략연구』(제35호, 2005); 권태영, "21세기 한국적 군사혁신과 국방개혁," 『전략연구』(제35호, 2005); 홍규덕, "안보전략환경의 변화와 국방개혁 추진의 전략적 연계," 『전략연구』(제35호, 2005); 최성권, "러시아 국방개혁과 군수산업의 역할," 『아태 쟁점과 연구』(제1권 제3호, 2006); 박휘락, "국방개혁에 있어서 변화의 집중성과 점증성: 미군 변혁의 함의," 『국방연구』(제51권 제1호, 2008); 박휘락, "정보화 시대의 요구와 국방개혁 2020," 『전략연구』(제43호, 2008); 김재엽, "대만의 국방개혁: 배경, 과정, 그리고 평가," 『중소연구』(제35권 제2호, 2011); 전광호·임두리, "러시아 군의 변환," 『사회과학 연구』(제35집 제1호, 2011); 박휘락, "국방개혁 2020과 미군 변혁의 비교와 교훈: 변화 방식을 중심으로," 『평화학연구』(제13권 제3호, 2012); 문인혁·이강호, "프랑스 국방개혁의 재평가와 한국군에 정책적 함의," 『한국군사학논집』(제72집 제1권, 2016); 우평균, 앞의 논문; 김태웅, "푸틴 집권 3기 러시아연방의 신 국방개혁 정책 추진과 그 전망," 『한국군사학논총』(제11권 2017)

논문,[43] 한국의 대표적인 국방개혁을 서로 비교한 논문,[44] 국방개혁
정책결정 과정에 관한 논문,[45] 국방개혁 중 특정한 분야를 중점적으
로 연구한 논문[46] 등이 있다.

상기 국방개혁 관련 선행연구를 검토해 보면, 한국의 국방개혁 추
진 과정에서 군사혁신은 크게 주목받지 못했다. 역대 정부의 국방개
혁 과제가 국정수행 과제들과 연계됨으로써 국방개혁의 중점이 정치
적 관심 과제에 치중하는 경향을 보였다. 예를 들면 병역실명제 도입,
군납비리 척결, 군복무기간 단축, 병영문화 선진화, 국방 문민화, 여

43) 이근욱, "한국 국방개혁 2020의 문제점: 미래에 대한 전망과 안보,"『신아세아』(제57
호, 2008); 박휘락, "국방개혁 2020의 근본적 방향 전환: 구조 중심에서 운영 중심으
로,"『전략연구』(제45호, 2009); 노훈, "국방개혁 기본계획 2012~2030 진단과 향후
국방개혁 전략,"『전략연구』(제56호, 2012); 박창권, "국방정책 2012 회고와 2013 추
진방향,"『전략연구』(제56호, 2012); 김태효, "국방개혁 307계획: 지향점과 도전 요인,"
『한국정치외교사논총』(제34집, 2013); 홍규덕, "국방개혁 추진 이대로 좋은가: 논의 활
성화를 위한 제언,"『전략연구』, (제68호, 2016)

44) 김동한, "역대 정권의 군구조 개편 계획과 정책적 함의,"『국가전략』(제17권 1호,
2011); 정연봉, "군사혁신의 전략적 성공요인 연구," 경남대 박사학위 논문, 2020.

45) 이양구, "이명박 정권의 국방개혁 정책결정 과정과 지배적 권력 중추의 역할,"『군사』
(제93호, 2014); 박휘락, "이명박 정권의 국방개혁 접근방식 분석과 교훈: 정책결정 모
형을 중심으로,"『평화학연구』(제14권 제5호, 2013)

46) 윤종성, "국방개혁에 있어 국방문화조형에 관한 연구,"『전략연구』(제66호, 2015); 전
제국, "국방문민화 과정의 재조명: 성과와 과제를 중심으로,"『국방연구』(제53권 제2
호, 2015); 조관호, "군구조 개편과 국방인적자원관리 개혁 방향,"『국방정책연구』(제
26권 제4호, 2010); 김열수, "상부지휘구조 개편 비판 논리에 대한 고찰,"『국방정책연
구』(제27권 제2호, 2011); 김동한, "이명박 정권의 군 상부지휘구조 개편 계획과 교훈,"
『사회과학연구』(제39집 제1호, 2015); 박휘락, "최근 한국군 국방개혁의 계획과 현실
간의 괴리 분석: 위협인식과 가용재원을 중심으로,"『국방연구』(제59권 제3호, 2016);
이미숙, "한국 국방개혁과 818 계획의 교훈,"『군사』(제106호, 2018); 차동길, "합동성
강화를 위한 국방개혁의 새로운 방향: 상부지휘구조를 중심으로,"『한일군사문화연
구』(제24집, 2017); 김종하·김재엽, "합동성에 입각한 한국군 전력증강방향: 전문화와
시너지즘 시각의 대비를 중심으로,"『국방연구』(제54권 제3호, 2011)

성 복무 기회 확대 등이 중요성보다 국민적 관심도에 따라 국방개혁의 중요 이슈로 부각되었다. 이러한 현상의 누적으로 군사혁신에 대한 국민들과 정책결정자들의 관심은 점차 멀어졌고, 군사혁신 개념을 적용하여 국방개혁의 일부로 추진해 온 군구조 및 전략체계 구축도 전진과 퇴보를 반복하면서 부진을 면치 못하고 있다.[47]

한국의 군사혁신은 미국에서 발전된 군사혁신 개념과 이론으로부터 많은 영향을 받았다. 1999년 국방부에 설치된 군사혁신기획단은 크레피네비치 Andrew F. Krepinevich의 군사혁신 정의를 수용하여 군사혁신을 "새롭게 발전하고 있는 군사기술을 이용하여 새로운 군사체계를 개발하고, 그에 상응하는 작전운용개념과 조직 편성의 혁신을 조화롭게 추가함으로써 전투 효과가 극적으로 증폭되는 현상"으로 정의했다. 새로운 군사체계의 개발 측면에서도 군사혁신기획단은 미국의 전 합참차장 오웬스 제독이 주장한 신시스템 복합체계 개념을 그대로 수용했다.[48]

군사혁신기획단은 다음과 같이 한국군에 적용할 군사혁신의 비전과 방향을 제시했다.

"첫째, 군사혁신의 보편적 개념 및 원리를 한국의 국방 환경과 여건에 부합시켜 구현한다. 둘째, 제한된 국방 재원을 효율적으로 사용하여 작지만 강한 정보·지식 기반의 군사력을 창출한다. 셋째, 전력시스템 및 군사기술뿐만 아니라 그와 연계된 전장운영·조직편성·인력개발·운영체계 등을 시스템 개념에서 종합적으로 혁신시킨다. 넷

---

47) 정연봉, 앞의 책, pp.78~79.
48) 정연봉, 앞의 책, p.72.

제3장 전통적 군사혁신의 성과와 한계

제3절 한국의 국방개혁 **101**

째, 한반도 차원의 전장 공간과 지리적 여건 및 경제·기술 능력을 고려하여 '국지·미니mini형' 군사혁신을 추구한다. 다섯째, 상용 첨단기술의 '미 실현 잠재력'을 중요한 전쟁 억제력으로 고려하는 군사기술 혁신을 구현한다. 여섯째, 범정부적 장기 비전·전략·계획과 적극적으로 연계시켜 국가 차원의 자원 절약형 군사혁신 방책을 발전시킨다. 일곱째, 정보·지식사회의 민간 분야 잠재력을 최대한 활용하여 저비용·고효율의 군사혁신을 추구한다. 여덟째, 국방 운용의 과감한 혁신을 통해 유지 소요를 최소화하여 군사혁신 소요를 지원한다."[49]

이러한 비전과 방향에 기반하여 군사혁신기획단에서는 아래 <그림 3-2>와 같은 한국군의 미래 군사력 건설을 구상했다. 2차 산업혁

<그림 3-2> 국방개혁 2020 군사력 발전 구상

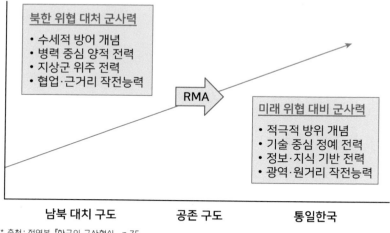

* 출처: 정연봉, 『한국의 군사혁신』, p.75.

49) 군사혁신기획단, 『한국적 군사혁신의 비전과 방책』(서울: 국방부, 2003), p.56.; 정춘일, "4차 산업혁명과 군사혁신 4.0," 『전략연구』(제72호, 2017), p. 196.

명 산업시대의 병력집약형 양적 전력구조를 3차 산업혁명 정보화시대의 정보·지식집약형 질적 전력구조로 전환하고, 지상군 중심의 전력구조를 정보·지식 기반의 균형적 전력구조로 전환을 지향했다. 또한, 단거리 전술적 감시·통제·타격 시스템을 중·장거리의 전략적 감시·통제·타격 시스템으로 전환을 추구했다.[50]

국방개혁은 지난 30년 동안 다양한 명칭과 모습으로 변화해 왔다. '국방혁신 4.0' 세미나에서 한국국방연구원KIDA 미래전략연구위원회에서 발표한 내용을 기초로 정리하면 <표 3-3>과 같다.[51]

<표 3-3> 한국 국방개혁의 역사

| 노태우 정부 | 김대중 정부 | 노무현 정부 | 이명박 정부 | 박근혜 정부 | 문재인 정부 |
|---|---|---|---|---|---|
| 장기 국방 태세 발전 방향 | 5개년 국방 발전 계획 | 국방개혁 기본계획 | | | |
| | | 기본계획 (06~20) (국방개혁 2020) | 기본계획 (09~20) 국방개혁 307계획 기본계획 (12~30) | 기본계획 (13~30) 기본계획 수정1호 | 국방개혁 2.0 (국방개혁 2020 계승) |
| 1991~ 200년 | 1998~ 2003년 | 2006~ 2020년 | 2009~ 2029년 → 2012~ 2030으로 변경 | 2014~ 2030년 | 2018~ 2022년 |

---

50) 정연봉, 앞의 책, p.75.

51) 한국국방연구원(KIDA) 미래전략연구위원회, "국방개혁 회고 및 평가," 『국방혁신 4.0 세미나 자료집』(한국국방연구원, 2022.8.12.)

이러한 한국 국방개혁의 역사에서 본격적으로 전통적인 군사혁신의 3대 핵심 요인이 적용된 노무현 정부의 국방개혁 2020부터 전통적 군사혁신의 주요 내용을 살펴보면 다음과 같다.[52]

## 1. 전력체계 혁신

전력체계 혁신 주요 내용은 군 구조 개혁 분야의 전력구조 분야의 내용을 정리해 본다.

노무현 정부에서 추진한 국방개혁 2020의 4대 중점 중에서 전력체계 혁신과 직접적으로 관련 있는 부분은 '② 현대전 양상에 부합된 군 구조 및 전력체계 구축'으로 한국군의 미래 군사력 건설과 관련된 국방개혁의 핵심 부분에 해당된다.[53] 국방개혁 2020 전력체계 혁신의 핵심은 2006년부터 5년씩 3단계에 걸쳐 '첨단 정보·기술군'을 건설하는 것이었다.[54] 즉 병력 감축을 상쇄할 목적으로 첨단무기체계를 확보하는 것이었다. 그러나 첨단무기체계 획득을 위한 소요 재원이 확보되지 못할 경우 개혁의 실행이 불투명해질 수도 있는 한계성을 내포하고 있었다.[55]

이명박 정부의 국방개혁 기본계획인 국방개혁 2012-2030에서는

---

52) 윤석열 정부는 '국방혁신 4.0'을 통해 제2 창군 수준의 대대적인 군 개혁을 추진하고 있으며, '국방혁신 4.0' 기본계획'에 따라 구체적인 사업을 진행 중이다.

53) 정연봉, 앞의 책, p.76.

54) 권태영·노훈, 『21세기 군사혁신의 명암과 우리 군의 선택』(서울: 전광, 2009), pp.139~141.

55) 정연봉, 앞의 책, p.83.

북한의 핵·미사일, 장사정포 등 비대칭 전력 위협이 지속적으로 증가하고 있는 것으로 평가하고 북한의 비대칭 전력 위협 대비에 중점을 둔 전력 증강을 추진했다. 특히 이명박 정부는 미국과 협상을 통해 북한 핵·미사일 위협에 효과적으로 대응할 수 있도록 2012년 10월 7일 미사일 지침을 개정[56]했다. 개정된 미사일 지침으로 한국군은 북한의 전 지역을 타격할 수 있는 사거리와 탄두 중량을 확보함으로써 평시 도발 억제와 유사시 북한의 군사적 위협에 적극적으로 대응할 수 있는 기반을 마련했다.[57]

박근혜 정부는 능동적 억제 전략을 구현하기 위한 수단으로써 북한의 핵·미사일 공격 징후가 명백한 경우, 이를 발사 전에 무력화시킬 수 있도록 '킬 체인Kill-Chain' 개념을 도입했다. 킬 체인과 더불어 발사된 미사일을 효과적으로 요격할 수 있는 '한국형 미사일 방어체계KAMD, Korea Air and Missile Defense'와 북한이 핵무기를 사용할 경우 대량 보복을 위한 '대량응징보복KMPR, Korea Massive Punishment and Retaliation' 개념을 발전시켜, 이를 '한국형 3축 체제'로 명명하고, 그 역량전력체계을 확보하는 데 국방개혁의 초점을 맞추었다.[58]

문재인 정부는 국방개혁 2.0에서 전방위의 다양한 위협에 탄력적으로 대비할 수 있는 전력과 전시작전통제권 전환을 위한 필수 능력을 우선 확보하는 데 방점을 뒀다. 북한의 위협에 대응하기 위한 3축

---

56) 개정된 미사일 지침에 따라 탄도미사일은 기존의 사거리 300km에서 800km로 확대되어 한반도 전역을 사정권에 두게 되었고, trade-off 적용에 따라 사거리 550km일 경우 최소한 1,000kg 이상의 탄두 중량을 가진 미사일을 보유할 수 있게 되었다.
57) 정연봉, 앞의 책, p.87.
58) 정연봉, 위의 책, pp.89~90.

체계 전력의 정상적 추진, 감시·정찰 전력의 우선 확보, 미래의 다양한 도전에 효과적으로 대응할 수 있도록 한국형 미사일 방어체계를 구축, 원거리 정밀 타격 능력 강화 등 전략적 억제 능력을 지속적으로 확보해 나가고자 했다.[59]

## 2. 작전운용개념戰法 혁신

전력체계 혁신과 함께 각 정부에서는 전략을 수립하여 시행했다. 국방부, 합참, 육, 해, 공, 그리고 해병대가 각기 나름대로 미래 전쟁의 비전을 개발하고, 그 구현 방책들을 마련해서 중장기 기획 및 계획 문서에 반영해 왔다.[60]

전략의 근간이 되는 위협 인식부터 정권마다 차이가 있었다. 각 정권은 미래 전쟁 양상에 대해서는 거의 동일한 인식을 가졌지만, 위협에 대해서는 상당한 인식차가 있었다. 또한, 국방 환경을 바꾸고자 하는 정권이 있었는가 하면 안정적 국방 환경 조성을 강조한 정권도 있었다. 고려 요소 중 위협과 국방 환경을 정권별로 단순화시켜 비교해 보면 다음 <표 3-4>와 같다.[61]

---

59) 김열수, 앞의 논문, p.204
60) 권태영, "21세기 한국적 군사혁신과 국방개혁 추진," 『전략연구』(제35호, 2005), pp.46~47.
61) 김열수, "역대 정권의 군구조 분야 국방개혁: 평가와 대안," 『신아세아』(제25권 제4호 통권 97호, 2018), pp.198~199.

〈표 3-4〉 각 정권의 국방개혁 수립 시 고려 요소 비교

| 구 분 | 위 협 | 국 방 환 경 |
|---|---|---|
| 노무현 | 초국가적 위협 | 자주국방, 전작권 전환 추진 |
| 이명박 | 북한 위협 | 한미동맹, 전작권 전환 연기 |
| 박근혜 | 다양한 형태의 위협 | 한미국방, 전작권 전환 연기 |
| 문재인 | 다양한 형태의 위협 | 자주국방, 전작권 전환 추진 |

노무현 정부는 '북한의 위협이 점점 감소될 것이나 초국가적, 비군사적 위협은 증대될 것'으로 보았다. 북한의 위협이 감소될 것으로 판단되는 상황에서 더 이상 미국에게 한국 안보를 의지하는 것은 바람직하지 않다고 생각하여 전작권 전환 추진과 함께 자주국방을 추구하였다. 자주국방을 위해 매년 평균 8%대의 국방비 증가를 보장하였다.

이명박 정부는 북한 핵미사일 위협과 국지도발 위협이 빈번해지자 이를 중요한 위협으로 상정하였다. 따라서 이러한 위협이 현저히 감소될 때까지 한미동맹 강화와 함께 전작권 전환 연기가 필요하다고 판단하였다. 국방 예산 증가율은 5%대에 머물렀다.

박근혜 정부는 북한 핵미사일 위협을 포함한 다양한 위협을 상정하였다. 북한 위협에 대응하기 위해 한미동맹 강화와 함께 조건에 기초한 전작권 전환condition-based OPCON transition으로 바꾸었다. 국방예산 증가율은 겨우 4%를 넘겼다.

문재인 정부는 다양한 위협을 상정하면서 조기 전작권 전환 추진과 함께 자주국방을 강조하고 있다. 노무현 정부 시절처럼 다시 8%대의 국방비 증가율 보장을 약속했다.

이러한 위협 인식에 기초하여 각 정권마다 상이한 작전운용개념戰法 혁신을 택했다.

노무현 정부는 북한의 군사적 위협보다 오히려 초국가적, 비군사적 위협과 미래 전쟁 양상 변화에 초점을 두었다. 정보과학기술의 변화에 따라 전쟁 양상이 네트워크 중심전 NCW, Network Centric Warfare 으로 변하고 있다는 평가와 함께 새로운 전쟁 양상에 부합하는 군사력 건설이 요구된다고 강조했다. 이러한 미래 전쟁 양상 및 위협 변화에 대한 전망, 병력 감축의 목표, 국방 문민화 및 3군 균형 발전 방향 등 개혁의 내용과 폭이 예상보다 크고 급진적으로 인식되어 개혁안에 대한 다양한 의견들이 표출되었다.[62]

이명박 정부는 국방개혁 기본계획인 국방개혁 2012-2030에서 '적극적 억제와 공세적 방위' 군사전략을 택했다. 적극적 억제는 북한이 도발할 수 없도록 의지와 능력의 우세를 달성하여 적의 도발을 억제하고, 적이 도발 시에는 단호한 응징으로 위기 상황을 조기에 종결함으로써 확전을 방지하는 개념이다.[63]

박근혜 정부의 북한에 대한 위협 인식과 핵·미사일 개발에 대한 평가는 박근혜 정부의 국방개혁 기본계획인 '국방개혁 2014-2030'에 심대한 영향을 미쳤다. '국방개혁 2014-2030'의 핵심은 북한의 비대칭, 국지도발 및 전면전 위협에 전방위적으로 대응 가능한 능력을 구비하는 것이었다. 이를 위해 박근혜 정부는 군사전략을 보다 공세적으로 변경했다. 이명박 정부의 '적극적 억제와 공세적 방위'에서 '능

---

62) 정연봉, 앞의 책, pp.81~82.
63) 정연봉, 위의 책, p.89.

동적 억제와 공세적 방위'로 수정되었다.[64] 능동적 억제는 적극적 억제 개념에 추가하여 북한의 핵·미사일 도발을 포함한 전면전 위협을 효과적으로 억제하기 위해 선제적 대응까지를 포함하는 개념이다. 여기에 선제적 대응은 군사적·비군사적 모든 조치를 포함하는 것으로서 전면전 도발 징후가 명백하고 임박한 경우, 국제법이 허용하는 자위권 범위 내에서 모든 수단을 강구한다는 의미를 내포한다.

문재인 정부 국방개혁 2.0의 주된 관심 사항 중 하나는 공세적 군사전략이 얼마나 반영되는가 하는 점이었다. 이명박·박근혜 정부에서의 국방개혁은 이미 선제적 대응조치까지 가능한 능동적 억제 전략으로 바뀌었기 때문이다. 사실 송영무 국방부 장관은 여기서 한 발 더 나가 '공세적 신新 작전수행 개념'을 수립했던 것으로 알려졌다. 공세적 신작전 수행 개념은 북한의 전면전 또는 수도권에 대한 대규모 장사정포·미사일 도발 시 평양을 2주 내에 점령해 전쟁을 조기에 끝내겠다는 개념이다. 유사시 최단 시간 내 최소 희생으로 전쟁을 종결하겠다는 것이다. 그러나 송영무 장관의 군사전략 개념은 청와대 보고 과정을 거치면서 슬며시 사라졌다. 그 대신 "육해공군이 입체적으로 고속 기동해 최단시간 내에 최소 희생으로 승리할 수 있는 능력을 갖추어 나가겠다"라는 입체 기동작전 개념을 보고한 것으로 알려졌다.[65]

---

64) 정연봉, 앞의 책, p.89.

65) 김열수, 앞의 논문, pp.197~198. "송영무, 대표상품처럼 추진했던 '新공세작전' 접어", 『조선일보』, 2018.7.28. https://www.chosun.com/site/data/html_dir/2018/07/28/2018072800167.html (검색일: 2022.10.23.)

## 3. 구조·편성 혁신

노무현 정부[66]의 군구조 개혁의 목표는 병력 위주의 양적 군구조를 정보·지식 중심의 기술 집약형 군구조로 전환하는 것이었다. 지휘구조는 현 합동군제하에서 합참 중심의 작전수행체제를 구축하고, 부대구조는 부대 숫자의 축소 및 중간지휘 제대를 폐지하여 지휘계선을 단축하는 데 중점을 두었다. 병력구조는 68만 명의 병력을 50만 명 수준으로 정예화하고자 했다. 병 복무기간은 26개월에서 24개월로 단축시켰다.[67]

각 군의 구조 개혁을 살펴보면,[68] 육군은 54.8만 명을 37.1만 명으로 단계적으로 감축하되 기동력, 타격력, 생존성, 정밀도는 향상시켜 유연한 작전 수행 능력을 갖추도록 하고, 군단은 10개에서 6개로, 사단은 47개에서 20여 개로 대폭 정비한다. 또한, 1·3군사령부를 개편하여 지상작전사령부로 개편하고, 2군사령부는 후방작전사령부로 개편한다. 또한, 군단 및 사단의 정보 감시 능력·기동력·화력을 보강함으로써 작전 지역을 현재보다 2~3배 확장한다. 결국 육군은 병력과 구형 무기 위주의 방만한 부대구조를 첨단화·정예화하여 미래 전쟁 수행에 적합한 태세를 갖추도록 하는 것이다.

해군은 잠수함전단과 항공전단을 각각 사령부로 개편하고 기동전

---

66) 노무현 정부의 국방개혁 2020에는 한국적 군사혁신의 기본개념과 방향이 포함되었지만, 전통적 군사혁신 개념과 연계한 구체적인 부대구조 관련 내용은 가용 시간의 제한으로 반영이 어려웠을 것으로 평가된다. 정연봉, 앞의 책, p.78.

67) 김열수, 앞의 논문, p.200.

68) 김열수, 위의 논문, pp.200~201.

단을 창설하며, 함정의 척수는 줄이되 중·대형함으로 보강하여 기동형 부대구조로 발전시킨다. 해병대는 대대급 상륙작전 능력을 여단급으로 확대한다. 이를 통해 해군은 한반도 전 해역을 감시하고 국익을 보호할 수 있는 능력을 갖추도록 하는 것이다.

공군은 작전사 예하에 북부 전투사를 창설함으로써 남부 및 북부의 2개 전투사 체제로 개편하고 비행단과 비행대대의 중간 제대인 비행전대를 해체하여 지휘계선을 단축한다. 500여 대의 중·저성능 전투기는 고·저성능 전투기로 최적 혼합하여 420여 대 규모로 정예화한다. 공군은 전력의 질적 향상을 통하여 제한된 작전 지역을 한반도 전 지역으로 확대하여 작전을 수행하는 태세를 갖추도록 하는 것이다.

이명박 정부의 상부 지휘구조 개편안은 각 군의 구조 개혁에도 그대로 반영되었다. 육군은 네트워크 기반하 통합작전 수행이 가능한 구조로 전환한다. 부대구조는 육본에서 바로 군단, 2작전사, 기능사를 지휘하는 방향으로 개편하고, 군단 중심의 작전수행체계를 구축하며, 접적부대보병대대 전투수행 능력을 강화한다. 또한, 해안경계 임무를 군에서 해경으로 전환하고 북한 특수전 부대 위협에 대비하여 부대 편성 및 능력을 보강한다. 해군은 해군본부에서 바로 함대사, 작전사 등을 직접 지휘하는 방향으로 개편하고 해병대는 서북도서방위사령부의 전력 증강과 함께 제주도 통합방위작전을 위한 제주부대를 창설하고, 또 적시적인 임무수행을 위해 항공단을 창설한다. 공군은 효과 중심의 항공우주작전 수행 능력을 극대화하는 구조로 전환한다. 부대 구조는 공군본부에서 바로 모든 예하부대를 지휘하는 방

향으로 개편하고 항공정보단 및 위성감시통제대대를 창설한다.[69]

박근혜 정부는 미래 공세적 통합작전 수행이 가능하도록 정보화·첨단화된 네트워크 중심의 군구조로 전환하는 것을 목표로 국방개혁을 추진하고자 했다. 지휘구조는 합동성을 강화하기 위해 합참을 개편하는 것이다. 합참을 작전지휘 조직과 기타 군령-작전지휘 보좌 조직으로 구분 편성한다. 합참 내에 미래사령부를 편성하여 전작권 전환 시 연합 지휘 역량을 강화하도록 하되 합참 개편 시기는 전작권 전환 시기와 연계하여 추진한다. 병력을 2022년까지 52.2만 명으로 감축하고 간부 비율을 40% 이상 유지하겠다는 것은 2012 국방개혁과 동일하다.

각 군의 구조 개혁을 살펴보면,[70] 부대구조는 육군에서는 지작사 창설이 다시 포함되었으며 군단 중심의 작전수행체계를 구축한다는 것이 강조되었다. 군단이 지상작전의 최상위 전술부대로서 독립작전 수행이 가능하도록 개편하는데 미래 군단이 현재의 야전군 사령부 역할을 수행할 수 있도록 부대, 참모부, 전력을 증강하는 것이다. 해군도 작전사를 통해 작전부대를 작전 지휘하도록 변경했으며, 해병대는 전략도서 방어 및 입체고속상륙작전 등 다양한 임무 수행이 가능한 공지 기동형 부대구조로 전환한다. 공군도 작전사를 통해 작전부대를 작전 지휘하도록 변경했다.[71]

---

69) 김열수, 앞의 논문, p.202.

70) 국방부, 『국방개혁 기본계획 2014-2030』, pp.13~20. 김열수, 위의 논문, p.203.에서 재인용.

71) 김열수, 앞의 논문, p.203.

문재인 정부는 2022~2023년에 전시작전통제권 전환을 완료한다는 계획을 가지고 있었던 것으로 알려져 있다.[72] 새로운 연합사령부의 지휘구조는 한국군이 한미연합사령관을 맡고 미군이 부사령관을 맡는다는 부분을 뺀다면 현재와 거의 동일한 연합사 지휘구조를 유지하게 될 것이다. 부대구조는 육군의 경우, 병력 감축과 연계해 부대구조를 축소 개편하되 사이버 위협 대응 능력을 높이고 드론봇 전투체계와 워리어플랫폼을 도입하는 등 4차 산업혁명 기술에 기반한 병력 절감형 부대구조로 발전시키고자 했다. 해군은 수상·수중·항공 등 입체 전력 운용 및 전략 기동 능력 구비를 위해 기동전단과 항공전단을 확대 개편하려 했다. 해병대는 상륙작전 능력 제고를 위해 해병사단의 정보·기동·화력 능력을 보강하려 했다. 공군은 원거리 작전 능력 및 우주작전 역량 강화를 위해 정보·감시·정찰ISR자산 전력화와 연계해 정찰비행단을 창설하려 했다. 병력구조의 핵심은 상비병력 감축과 민간 인력 비중 대폭 확대로 압축할 수 있다. 상비병력은 2022년까지 50만 명 수준으로 감축할 예정이며, 민간 인력은 국방 인력 대비 현재 5%에서 10%로 대폭 확대할 계획이다. 민간 인력은 전문성과 연속성이 필요한 비전투 분야의 군인 직위를 대체하게 된다.[73]

72) "전작권 2022년 전환… 한미 연합군사령관엔 합참의장 겸직 추진," 『조선일보』, 2018.7.28. https://www.chosun.com/site/data/html_dir/2018/07/28/2018072800171.html (검색일: 2022.10.31.)

73) 김열수, 앞의 논문, p.204.

## 4. 소결론

한국군도 전통적인 군사혁신 개념을 1990년대 말부터 도입하여 2000년대 초부터 국방개혁의 일부로 적용하여 전력체계 혁신, 작전 운용개념戰法 혁신, 구조·편성 혁신을 동시에 균형되게 추진하기 위해 노력하고 있다. 이러한 통합적이고 동시적인 추진을 위한 노력은 정보화 시대 이후 개혁의 포괄성이 강조되는 관점에서 볼 때,[74] 국방 개혁이 일정한 수준의 성과를 나타내는 요인이라고 볼 수 있다.

즉 과거와 비교해 제반 업무 간의 상호 관련성과 상호 의존성이 커졌기 때문에 한두 가지 분야의 개혁으로는 전체적인 역량이나 효율성을 향상시키기가 어렵고, 관련된 모든 분야가 동시에 개혁되어야 소기의 성과를 거둘 수 있기 때문이다.

그리고 군사혁신을 추구하는 근본적인 목적 그 자체도 집중적이면서 비약적으로 발생할 필요가 있기 때문이다. 불확실성이 더욱 점증하고 있는 4차 산업혁명 시대 이후 <그림 3-3>에서 제시되고 있는 "불연속적 도약discontinuous jumping", 즉 한 시대를 뛰어넘는 차원의 혁명적인 군사력 발전과 변화, 도약적 변혁을 추구해야 할 필요성이 커지고 있기 때문이다.[75]

---

74) 최병욱, "국방개혁 추진, 어떻게 해야 하나?: 탈냉전시대 미 육군의 개혁 사례와 교훈," 『국방정책연구』(제35권 제2호 통권 제124호, 2019), 139.

75) 차영구·황병무, 『국방정책의 이론과 실제』(서울: 도서출판 오름, 2002), p.589. 박휘락, "정보화 시대의 요구와 국방개혁 2020," 『전략연구』(통권 43호, 2008), p.104에서 재인용.

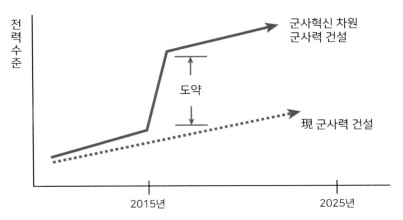

〈그림 3-3〉 불연속 도약

전력 수준

군사혁신 차원
군사력 건설

도약

現 군사력 건설

2015년                    2025년

* 출처: 군사혁신기획단, 『한국적 군사혁신의 비전과 방책』(서울: 국방부, 2003), p.102.

전술前述한 대로 한국의 국방개혁을 통합적이고 동시적인 관점에서 추진한 결과, 한국군도 일정한 수준의 성과는 거두었으나 전문가들은 이구동성으로 "근본적인 변화와 혁신은 이루지 못했다"라고 국방개혁의 부진을 지적한다.[76] 통합적이고 동시적으로 추진하려 했으나, 전체적인 개혁의 모습에서는 구조 및 편성에 지나치게 치중하는 모습을 보였기 때문이기도 하다.[77]

노무현 정부는 '국방개혁 2020'의 지속적인 추진을 보장하기 위해

76) 최병욱, 앞의 논문, p.125., 박휘락, "국방개혁에 있어서 변화의 집중성과 점증성: 미군 변혁(transformation)의 함의,"『국방연구』(제51권 제1호, 2008), pp.89~109., 홍규덕, "국방개혁 추진, 이대로 좋은가?: 논의의 활성화를 위한 제언,"『전략연구』(제23권 제1호, 2016), pp.99~120., 참여연대, "국방개혁 2.0 평가,"『참여연대 이슈리포트』(참여연대 평화군축센터, 2018)

77) 박휘락, "정보화 시대의 요구와 국방개혁 2020,"『전략연구』(통권 43호, 2008), pp.121~122.

2006년 12월 이를 '국방개혁에 관한 법률'로 제정했다. 그러나 국방 개혁 2020은 역대 정부를 거치면서 여러 차례 수정되어 목표 연도였 던 2020년은 이미 역사 속으로 사라졌지만, 자주적 전쟁 억제 능력 확보를 통한 한반도 방위의 한국 주도는 아직도 요원하다. 국방개혁 의 목표 연도는 2030년 이후로 미뤄진 가운데 북한의 핵무장으로 남 북한의 군사력 균형은 북한에 유리하게 기울고 있다. 노무현 정부 이 후 정부마다 첨단과학 기술군 비전을 제시하였으나, 첨단 장비의 전 력화는 지연되는 가운데 대규모 병력 감축과 부대 해체가 진행되고 있어 오히려 전력 공백이 우려되는 상황이기도 하다.[78]

이러한 국방개혁의 부진은 구조적 측면에서 볼 때, 전통적 군사혁 신의 한계라고 볼 수 있다. 전통적 군사혁신의 한계는 정연봉이 제안 하듯 3대 핵심 요인전력체계 혁신, 작전운용개념 혁신, 구조·편성 혁신의 상위 전 략적 결정 요인의 부족으로도 볼 수 있다. 다시 말해, 전통적 군사혁 신의 한계를 내용적 측면에서 설명할 때, 정연봉이 군사혁신의 전략 적 결정 요인으로 제시한 3가지위기의식의 활용, 우수한 과학기술을 핵심 역량으 로 활용, 군 지도부의 변혁적 리더십 발휘가 부족했다고 볼 수도 있다.[79] 하지 만 결국 이러한 전략적 결정 요인에 대한 논의는 군사혁신의 구성 요 소에 대한 논의이기에 전통적 군사혁신의 구조적 한계를 설명하는 데는 충분하지 않다. 즉 지금까지의 국방개혁이 단지 전통적인 군사 혁신의 3대 핵심 요인의 틀 속에서 이뤄져 왔기 때문에 태생적 한계

---

78) 정연봉, 앞의 책, pp.17~18.
79) 정연봉, "베트남전 이후 미 육군의 군사혁신(RMA)이 한국 육군의 군사혁신에 주는 함 의," 『군사연구』(제147집, 2019)

점을 가질 수밖에 없었고, 이를 도약적·변혁적으로 해소하기 위한 노력이 필요하다는 설명을 하는 데는 제한적일 수밖에 없다.

따라서 이 책에서는 전통적 군사혁신의 틀에서 볼 때, 한국의 국방개혁은 지금까지 북한의 실체적 위협과 주변국의 잠재적 위협에 따라 수동적으로 대칭적인 처방에 집중해 온 것이기에 구조적 한계를 가질 수밖에 없었다는 것을 지적하는 것이다.[80] 또한, 외부 위협에 수동적이며 대칭적으로 30년 넘게 장기간 국방개혁을 추진해 오다 보니, 국민들이 체감하는 개혁을 추진하지 못한 점도 지적하지 않을 수 없다.

지금까지 전통적 군사혁신의 관점에서 분석한 내용을 정리하면 <표 3-5>와 같다.

**〈표 3-5〉 한국 국방개혁의 성과와 한계**

| 구 분 | 주요 내용 |
|---|---|
| 전력체계 혁신 | • 첨단기술 기반 전력체계 위주로 혁신<br>• 재래식 전력 개선 사업을 병행<br>※ High-Low Mix 개념 적용한 전력체계를 혁신 |
| 작전운용개념<br>(戰法) 혁신 | • 각 정부의 위협 인식에 따라 상이한 작전운용개념 적용<br>• 위협 인식에 따라 적극적 억제/능동적 억제, 공세적 방위 등 정권마다 상이한 작전개념을 적용해서 일정 수준 이상의 Fight Tonight 태세 지속적인 유지는 제한 |

---

80) 우리 군의 군사력 건설은 북한의 전력별 위협을 따라잡는 식의 대칭적 접근에 의해 추진되었다. 이에 비해 북한은 남북 간 국력 격차와 한미동맹을 극복하기 위해 우리의 취약점을 지략적으로 활용한 비대칭적 접근을 추구해 왔다고 볼 수 있다. 권태영·박창권, 『한국군의 비대칭전략 개념과 접근 방책(국방정책연구보고서(06-01))』(서울: 한국전략문제연구소, 2006.8.), p.7.

| 구조·편성 혁신 | • 첨단기술 적용을 통한 병력 절감형 부대 구조 추진하여 일정 수준의 성과는 달성<br>• 육군 위주 부대 및 병력 감축 합동성 발휘 차원에서의 불균형을 초래 |
| --- | --- |
| 성 과<br>/<br>한 계 | • 전력체계 혁신, 작전운용개념(戰法) 혁신, 구조·편성 혁신을 동시적이고 통합적인 추진으로 일정 수준의 성과를 거두어 왔으나, 구조·편성 혁신에 치우친 경향이 있어 근본적인 변화 유도 제한<br>• 북한 위협에 대응적이고 사후적인 대칭적 군사혁신 추진으로 실질적인 도발 억제는 제한<br>• 장기간 국방개혁 추진으로 인해 국민들의 체감 제한, 추진 동력 감소는 불가피 |

　　따라서 이제부터는 한국의 국방개혁도 북한과 주변국의 위협에 대해 수동적으로만 대응하는 것을 뛰어넘어, 최단기간 내 최소 피해로 최대한의 성과를 창출할 수 있도록 군사혁신의 패러다임을 전환해야 한다. 즉 북한과 주변국의 핵심 취약점인 급소를 식별하여 한국군의 강점을 투사할 수 있는 비대칭성에 기반한 군사혁신을 추구해야 한다는 것을 강조하는 것이다.[81]

---

81) "한국군의 국방개혁은 지금까지 북한의 위협에 대비하여 수동적으로 대응하는 데에만 초점을 맞춰 추진해 왔다. 따라서 앞으로 한국군의 군사혁신, 국방개혁은 비대칭적 수단과 방법으로 비대칭성에 기반하여 적극적으로 대응해 나갈 필요가 있다." 정연봉, 미래혁신 '22-3차 세미나 (2022.10.25., 육군미래혁신연구센터)

# 제4절 전통적 군사혁신의 한계와 패러다임의 전환

2022년 2월 24일 세계 군사력 지수 2위의 강대국 러시아의 침공으로 시작된 러·우 전쟁에서 한국군6위보다 열세한 22위의 약소국 우크라이나의 전쟁은 현대판 다윗과 골리앗의 전쟁이다.[82] 짧은 시간 안에 쉽게 골리앗 러시아의 승리로 끝날 것으로 예상되었던 현대판 다윗과 골리앗의 전쟁은 1년 반이 지난 지금까지도 앞으로의 전황에 대해 누구도 장담할 수 없는 혼전 상황까지 되었다. 러시아가 우크라이나에 고전을 면치 못하고 있다는 것이다. 전술前述한 제2절에서 러시아가 이렇게 고전하는 이유를 전통적 군사혁신 관점으로 추진한 러시아 국방개혁의 한계점에서 찾을 수 있었다.

러시아는 2020년까지 대부분의 국방개혁을 완성하여 서방 세력에 대한 핵 억제력 유지 및 국지적 분쟁에 대비하여 러시아식 하이브리드 역량을 갖추었다고 자평하기도 했지만[83], 전술前述한 전통적 군사혁신의 한계점을 제대로 인식하지 못하는 우憂를 범하고 말았다.

특히 러시아는 2015년 시리아 내전에 참전하면서부터 전통적 군사혁신의 한계점에 봉착하게 되었고, 그 결과가 현재 진행되고 있는 러·우 전쟁에서 그대로 노정露呈되고 있다. 즉 전통적 군사혁신은 지

---

82) 신치범, 앞의 논문, p.105. 세계 군사력 순위는 미국의 전 세계 군사력 평가 기업 Global Firepower(GFP)에서 매년 발표하는 자료를 참고하여 작성했다. 단, GFP의 발표는 국제기구나 국가기관의 공인된 발표가 아니라 일반 기업이 재래식 군사력만을 한정해서 군사력 순위를 평가한 것으로 핵이나 대량 살상무기 등은 포함되지 않은 한계가 있다. 2022 Military Strength Ranking, Global Firepower(GFP), https://www.globalfirepower.com/countries-listing.php (검색일: 2022. 4. 5.)

83) 합동군사대학교, 앞의 책(충남 계룡: 국방출판지원단, 2022), p.70.

속성이 결여될 경우 치명적인 구조적 한계에 부딪힌다는 것을 러시아의 국방개혁 사례가 시사한다. 전통적 군사혁신의 필요조건 중 하나가 군사혁신 추진에 대한 지속성이 보장되어야 하기 때문이다.

한국의 국방개혁도 2000년대 중반 '국방개혁 2020'부터 전통적 군사혁신 개념을 접목하여 3대 핵심 요인의 틀 속에서 일정 수준의 성과를 달성해 왔지만, 호전적이고 도발적인 북한 위협에 대칭적이고 사후적인 대응으로는 북한의 실질적인 도발을 억제하지 못하는 구조적 한계를 경험할 수밖에 없었다.[84] 즉 지금까지는 북한의 위협에 대칭적이고 사후적으로 대응하는 차원으로 국방개혁을 추진해 온 결과, 북한의 끊임없는 도발을 억제하지 못하는 구조적 한계에서 빠져나올 수가 없었다.

이제 한국은 과거와 같이 15년 이상 장기간에 걸쳐서 국방개혁을 전통적 군사혁신 관점에서 완수하고자 하는 시도는 곤란하다. 첨단 과학기술이 현기증 나듯 급속하게 변하는 4차 산업혁명 시대는 우리에게 적보다 발 빠른 선제적인 대응을 요구한다. 대두된 문제는 되도록 조기에 해결함으로써 상황의 변화에 따라 차후에 나타나는 다른 문제를 해결할 수 있는 여유를 가질 수 있도록 혁신의 속도를 높일 필요가 있다.[85]

결론적으로, 전통적 군사혁신 관점에서 추진한 러시아와 한국의

---

84) 군사혁신 전문가 정연봉은, "군사혁신 성공의 구성 요소(3대 핵심 요인) 관련 논의로는 국방개혁 군구조 및 전력체계 개혁이 부진한 이유를 효과적으로 설명하는데 한계가 있다"라고 말한다. 정연봉, 앞의 책, p.96.

85) 박휘락, "정보화 시대의 요구와 국방개혁 2020," 『전략연구』(통권 43호, 2008), pp.121~122.

국방개혁 추진 사례에서 노정된 전통적 군사혁신의 한계를 극복할 수 있도록 혁신적인 새로운 군사혁신의 패러다임으로 전환해 나가야 한다. 특히 한국이 4차 산업혁명 시대를 기회로 만들기 위해서는 북한과 비교해 월등히 앞서 있는 ICT 분야 세계 강국으로서의 장점을 최대한 살려 비대칭성 창출을 극대화하여 혁신의 속도를 높일 필요가 있다. 즉 전통적 군사혁신의 고전적인 틀에서 벗어나 새로운 비대칭성 기반의 군사혁신 패러다임으로 전환하여 최단기간 내 최소 희생으로 온전한 승리全勝를 쟁취해야 한다. 이런 맥락에서 볼 때, 한국군은 적의 가장 취약한 약점인 급소를 찌를 수 있는 '비대칭성 기반의 한국형 군사혁신Asymmetric K-RMA'을 지금 당장 추진해 나가야 한다.

제3장 전통적 군사혁신의 성과와 한계

제 **4** 장

# 비대칭성 기반의 군사혁신 사례 분석

# 제4장

# 비대칭성 기반의 군사혁신 사례 분석

## 제1절 개요

앞에서 전통적 군사혁신 개념으로 추진된 러시아와 한국의 국방 개혁 사례 분석을 통해 강조했듯이, 전통적 군사혁신 패러다임은 비대칭성이 결여된 구조적 한계가 있어 외부 위협에 대칭적이고 사후적 대응이라는 문제점이 있음을 살펴보았다. 특히 한국의 국방개혁은 북한의 위협에 사후적이고 수동적으로 대응하여 다소 지지부진했던 구조적 문제점에 주목해야 한다. 더 선제적이고 더 효과적인 새로운 군사혁신의 패러다임이 필요한 지점이다.

이제 한국은 전통적 군사혁신의 고전적인 패러다임에서 벗어나 비대칭성 창출에 집중하는 새로운 군사혁신의 패러다임으로 전환해 나가야 한다. 북한 정권 및 북한군의 지도부 및 핵심 지휘 시설 등 적의 핵심 취약점인 급소를 찌르는 비대칭성 기반의 군사혁신으로 패러다임을 전환한다면, 외부 위협에 선제적이고 적극적으로 대응해 나갈 수 있을 것이다. 제4장에서는 그 해법에 전략적으로 접근하기 위한 시사점을 도출할 것이다.

제4장에서는 현재 진행 중인 러·우 전쟁에서 러시아의 급소를 찌르면서 성과를 창출하고 있는 우크라이나의 군사혁신과 미·중 전략적 경쟁에서 미국의 급소를 지향하고 있는 중국의 군사혁신 사례를 분석하여 비대칭성 기반의 군사혁신을 위한 시사점을 도출하고자 한다.

비대칭성 관련 선행연구와 비대칭성의 본질을 규명하면서 도출한 후 국내 군사전문가들에게 표면적 타당성 검토를 통해 유용성을 검증한 비대칭성 창출의 4대 핵심 요인으로 분석할 것이다. 즉 수단·주체의 비대칭성, 인지의 비대칭성, 전략·전술의 비대칭성, 시·공간의 비대칭성 등 비대칭성 창출의 4대 핵심 요인별로 사례를 분석하여 한국군에 전략적으로 적용할 시사점을 도출한다.

앞서 제2장 제3절에서 언급한 대로 4대 핵심 요인별 다음과 같은 주요 분석 요소로 분석한다. 수단·주체의 비대칭성에 대해서는 물리적kinetic·비물리적non-kinetic 수단과 국내적domestic·국제적global 주체를 망라하여 분석하며, 인지의 비대칭성에 대해서는 전쟁 당사국 지도자의 리더십과 국민들의 단결력과 함께 전 세계적인 여론 동향도 함께 분석할 것이다.

전략·전술의 비대칭성에 대해서는 전략적 수준에서의 국가전략과 군사전략, 작전적·전술적 수준의 싸우는 방법戰法, 임무형 지휘와 통제형 지휘까지 망라하여 분석한다. 시·공간의 비대칭성에 대해서는 OODA 주기선견-선결-선타 결심주기, 전장 영역에서의 지상·해양·공중·우주·사이버 전자기 영역과 같은 물리적 공간과 인지 영역과 같은 비물리적 공간을 망라하여 분석하고자 한다.

이러한 비대칭성 창출의 4대 핵심 요인으로 분석하여 한국군이 비대칭성 기반의 군사혁신 개념을 전략적으로 적용할 '비대칭성 기반의 한국형 군사혁신Asymmetric K-RMA'을 위한 전략적 접근 방법을 제시할 것이다.

## 제2절 우크라이나의 군사혁신

### 1. 러시아 우크라이나 전쟁 우크라이나 1단계 작전을 중심으로[1]

2022년 2월 24일 키이우 현지 시각 새벽 5시에 러시아군은 북부키이우 방면, 북동부하르키우 방면, 동부돈바스 방면, 남부크림반도 방면 등 4개 축선에서 동시다발적으로 동시 통합작전을 감행하여 우크라이나를 전격적으로 침공했다. 러시아군은 게라시모프 독트린에 의해 수립된 하이브리드 전략[2]에 기초하여 우크라이나의 각종 통신망과 네트워크 등 사이버 영역에 영향력을 행사하고자 했다.[3] 또한, 지대지·공대

---

1) 신치범, 앞의 논문, pp.105~127. 본인의 논문 내용을 보완하여 기술하였다.

2) 러시아는 정규전, 비정규전, 사이버전, 정보전, 경제전, 외교전 등을 융복합한 하이브리드 전략을 구사했다. 안재봉,"러시아-우크라이나 전쟁, 군사 교리적 시사점과 정책 제언,"『(홍규덕 교수의 국방혁신 대전략) 러시아의 우크라이나 침공과 한국의 국방혁신』(서울: 로얄컴퍼니, 2022), p.70.

3) 송태은은 "2022년 러시아 우크라이나 전쟁이 사이버전이 현대 전면전(a full-fledged war)에서 실제로 어떻게 전개되고 어떤 비중의 역할을 차지하는지 관찰할 수 있는 보기 드

지·함대지 미사일 등을 활용한 대규모 화력전으로 우크라이나 주요 방공체계, 공항시설, 군사 인프라를 비롯한 핵심 표적을 타격하여 러시아 지상군의 주력인 대대전술단BTG, Battalion Tactical Group[4]의 원만한 진출 여건을 보장하고자 했다.

러시아의 우크라이나 침공은 블라디미르 푸틴 러시아 대통령이 이날 우크라이나 내에서 특별 군사작전작전명: Operation Z, demilitari Zation, dena Z ification을 수행할 것이라는 긴급 연설과 함께 단행됐다. 푸틴은 이날 연설에서 러시아는 우크라이나의 비무장화를 추구할 것이라면서 이러한 러시아의 움직임에 외국이 간섭할 경우 즉각 보복할 것이라고도 경고했다. 특히 북대서양조약기구NATO의 확장과 우크라이나 영토 활용은 용납할 수 없다고 밝혔다. 이로써 2021년 10월 러시아가 우크라이나 국경에 대규모 병력을 집중시키면서 고조됐던 양국의 위기는 결국 전면전으로 이어지게 됐다.[5] 이는 유럽과 러시아 사이에 놓인 우크라이나의 지정학적 위치가 러시아에게 얼마나 중요한지를 나타내는 방증이기도 하다.[6]

---

문 역사상 첫 번째 사례다"라고 강조한다. 송태은, 『러시아-우크라이나 전쟁의 사이버전: 평가와 함의(IFANS 주요국제문제분석 2022-19)』(국립외교원 외교안보연구소, 2022), p.1.

4) 대대전술단(BTG)은 러시아가 2014년 우크라이나 동부 돈바스 전쟁을 치르며 고안한 부대 편제다. 특징은 대대급(600~800명) 부대가 현장 지휘관(대대장, 중령)의 재량권을 바탕으로 기동성 있게 운용된다는 점이다. 언론은 이번 전쟁이 일어나기 전만 해도 러시아군 현대화의 상징처럼 BTG를 평가했다. 이경훈, "러시아 총참모대 출신 전문가가 본 러시아-우크라이나 전쟁," 『월간조선 5월호』(조선일보사, 2022. 5월), p.330.

5) 러시아의 우크라이나 침공 (2022), 『Naver 지식백과: 시사상식사전』 https://terms.naver.com/entry.naver?docId=6593510&cid=43667&categoryId=43667 (검색일 : 2022.4.11.)

6) 우크라이나는 지리적으로 동과 서(러시아와 유럽), 남과 북(발트해와 흑해)으로 이어지는 유라시아 대륙의 교차로에 위치하고 있다. 특히 우크라이나는 러시아에 있어 석유·가스의 대유럽 수출 경유국으로, 우크라이나의 나토 가입이 이뤄질 경우 유럽 에너지 시장에 대한 러시

러시아의 침공에 맞서서, "내가 도망칠 수단이 아닌 총알이 필요하다"[7]라며 해외 피신을 거부하고 전쟁을 진두지휘하고 있는 젤렌스키 대통령의 전장 리더십을 중심으로 단결한 우크라이나 국민들은 필사즉생必死則生의 각오로 전쟁에 참여하고 있다. 덥수룩한 수염에 군용 티셔츠 차림의 젤렌스키 대통령은 "나는 여기 있고, 우리는[8] 무기를 내려놓지 않을 것"이라며 군 통수권자의 모범적인 리더십을 발휘하여 우크라이나 국민을 일치단결시켜 미스 우크라이나를 포함한 여성과 노인들까지 스스로 전투 현장으로 발길을 옮기게 했다.

젤렌스키 대통령은 사상 유례없이 교전 당사국 국가수반으로서 한국을 포함한 우방국과 국제사회에 푸틴의 불법적 침공을 규탄하며 국제사회의 군사적 지원을 직접 호소했다.[9] 이런 젤렌스키 대통령의 전장 리더십을 중심으로 하나로 뭉쳐 조국을 지키고자 하는 결기에 찬 우크라이나 국민들은 미국과 유럽연합EU 등의 서방 세계 무기 지원과 군수 지원 등을 받아 러시아의 침공에 결연하게 저항하고 있다.

---

아의 영향력이 약화될 수 있다. 여기에 우크라이나의 EU 가입까지 이뤄지면 우크라이나를 옛 소련권 국가들과의 경제협력체인 '유라시아경제연합(EAEU)'에 가입시키려는 러시아 측 구상도 실패하게 된다. 또 우크라이나 남쪽은 흑해를 접하고 있는데, 이는 겨울이면 대부분 항구가 얼어버려 부동항 확보가 절실한 러시아에게는 매우 중요한 지역이다. 이에 우크라이나는 유럽과 러시아 사이에 끼어 양측 주도권 싸움의 무대가 됐고, 정권도 친서방파와 친러시아파가 번갈아 잡는 상황이 이어져 왔다. https://terms.naver.com/entry.naver?docId =6593510&cid=43667&categoryId=43667 (검색일 : 2022.4.11.)

7) 내가 도망칠 수단이 아닌 총알이 필요하다" 美 대피 제안 거절한 우크라이나 대통령, 『데일리안』, https://www.dailian.co.kr/news/view/1087571/ (검색일 : 2022.4.25.)

8) 젤렌스키 "무기 내려놓지 않겠다"…침공 사흘째 건재 과시, 『NEWSIS』, https://mobile. newsis.com/view.html?ar_id=NISX20220226_0001774211 (검색일 : 2022.4.25.)

9) 지금('22년 5월 현재)까지 한국(4.11.)을 포함한 16개국 이상의 국가를 대상으로 약 80회 정도의 연설을 했다.

우크라이나군은 변화하는 전장 상황과 새롭게 발생하는 적의 취약점을 적시適時에 공격하고, 작전 상황에 따라 저가의 맞춤형 무기 체계를 융통성 있게 구성하여 효과적으로 작전을 수행하고 있다. 기동성 있는 전력 운용을 통해 적 대응의 딜레마까지 강요하고 있다. 또한, 민간 상용 기술을 활용하여 네트워크화된 소규모 민군 분산작전을 효율적으로 수행하고 있다. 특히 민군 자산과 서방 지원 장비 및 자국 장비를 효과적으로 융복합시켜 활용하고 있다. 즉 SNS를 ISR 자산으로 활용하고 드론과 스타링크 Starlink · 델타 DELTA 시스템[10]을 융복합시켜 효과 웹을 창출하고 있다.[11]

우크라이나군은 주요 선진국 보유 드론보다 상대적으로 저가인 TB2 드론[12]으로 정찰 및 감시, 적 방공무기 시스템을 제압 SEAD 하는

---

10) 드론 데이터, 위성, 센서 및 인적 자원을 통합한 대화형 지도를 생성하여 러시아 공격을 추적할 수 있도록 하는 상황 인식 소프트웨어. 2021년에 미국이 우크라이나 및 30개국이 참가한 씨 브리즈(Sea Breeze) 군사훈련(흑해)에서 시범 사용. Haye Kesteloo, "Drone, Delta and Elon Musk's Starlink Help Ukraine Military Fight Off Russian Army," Dronexl, 23 March, 2022.

11) 배진석, "우크라이나의 비대칭전 분석(무엇이 러시아의 군사적 우위를 무력화했는가?)," 『'22년 전반기 합동 세미나(합동성 차원에서 평가한 러시아 우크라이나 전쟁) 자료집』(대전: 국방출판지원단자운대반, 2022), pp.36~47.

12) 우크라이나군은 우크라이나와 러시아 국경 일대와 친러 분리주의자들이 점령한 지역을 효과적으로 감시하고, 도발 원점에 대한 정밀 타격을 위해 2019년 터키로부터 TB2를 도입했다. 우크라이나와 러시아 국경의 길이는 약 900km에 달한다. 그리고 친러 분리주의자들이 점령한 도네츠크와 루간스크 지역의 크기는 16,000㎢에 달한다. 이처럼 넓은 접경 지역을 병력 중심으로 통제한다는 것은 사실상 불가능했다.
이와 같은 도전을 극복하기 위해 우크라이나 공군과 해군은 2019년 터키로부터 각각 12대와 5대의 TB2를 도입했다. 이들은 최초 전술한 접경 지역과 크림반도 주변의 근해 지역에서 러시아군의 활동을 집중적으로 감시하는 임무를 수행했다. 하지만 2020년 아르메니아-아제르바이잔 전쟁에서 아제르바이잔군의 드론 기동전을 보면서 우크라이나군도 TB2를 차츰 공격 임무 수행에 운용하였다.

데 활용하고, 스위치블레이드 Switchblade 드론[13]으로 러시아의 지휘 노드, 전자전 차량, 포병 및 대공 방어 시스템을 종심 깊게 공격하고 있다. 또한, 상업용 드론을 개조하여 대전차 수류탄을 투하하는 등 다양한 목적으로 활용하면서 효율을 극대화하고 있다.

---

이로써 우크라이나군의 TB2는 접경 지역을 실시간 감시할 수 있었고, 러시아군의 도발 원점도 정밀 타격할 수 있었다. 즉 TB2는 접경 지역에서 발생하는 국지 전투에서 전술적 우위를 제공하는 'Sensor to Shooter' 기능을 발휘할 수 있었다. 이로 인해 푸틴 대통령은 TB2 판매국인 터키에 강한 불만을 표출하기도 했다.

우크라이나군은 TB2를 운용하여 접경 지역의 경계 병력을 절약할 수 있었다. 아울러 러시아의 실효 지배 지역이자 회색지대인 도네츠크·루간스크 지역에서 친러 분리주의자들과 러시아군의 활동을 가시화하고 경고할 수 있게 되었다. 이와 같은 이유로 우크라이나군은 이번 러·우 전쟁 직전 6대의 TB2를 추가로 도입했다.

군사혁신(Revolution in Military Affairs) 측면에서 바라본 우크라이나군의 전쟁 준비, 우크라이나−러시아 전쟁 분석(7), 『네이버 무기백과사전』 https://m.terms.naver.com/entry.naver?cid=60344&docId=6615892&categoryId=60344 (검색일: 2022.5.15.)

13) '스위치블레이드'는 이른바 '자폭 드론'이다. 장착한 카메라로 목표물을 추적·확인하고 직접 충돌해 폭발한다. 태평양전쟁 때 일본군의 자폭 공격을 빗대 '가미카제 드론'으로 불린다. 공식 군사용어는 '배회 무기(Loitering Munition)'다. 배터리가 소모될 때까지 특정 구역 상공을 날아다니다가 표적을 발견하면 추적해 공격한다. 순항미사일(Cruise Missiles)과 무인전투기(UCAV·Unmanned Combat Aerial Vehicle)의 특성을 합친 셈이다. 순항미사일보다 오래 배회하며, 그 자체가 폭탄이라는 점이 무인전투기와 다르다. 배회 무기의 파괴력은 미사일과 무인전투기의 그것과 비교할 정도는 아니지만, 그래도 가공할 위협이다. 자율성이 있기 때문이다. 인간의 개입 없이도 표적을 찾고 발견하는 대로 파괴한다. 자동 유도무기와 달리 사전에 목표물에 대한 정확한 정보도 필요로 하지 않는다. 공격을 결정할 때 인간의 허락을 받지 않는다. 인간의 관리 감독에서 사실상 벗어난다. 그래서 이를 '자율무기(Autonomous Weapon)', 이를 기반으로 한 무기체계를 '자율 살상 무기체계(LAWS·Lethal Autonomous Weapon Systems)'라고 한다. '스위치블레이드'와 같은 전투 드론은 이 체계에 가장 가까이 간 무기다. "인간 손길 거부하는 자율무기 손 놓을 수 없지만 손대려면 제대로", 『국방일보』, 2022.5.30., https://kookbang.dema.mil.kr/newsWeb/m/20220531/1/BBSMSTR_000000100173/view.do (검색일 : 2022.8.24.)

<그림 4-1> TB2 드론

*출처: 바이락타르 TB2, 『나무위키』[14]

　그 결과 러시아는 3일 안에 우크라이나의 수도인 키이우를 함락시키고 괴뢰정권을 세워 우크라이나를 장악하겠다는 목표를 포기하고, 개전 이후 한 달 남짓 지난 3월 말부터 키이우와 하르키우로 향하던 군대를 철수시킬 수밖에 없는 상태에 봉착하게 되었다. 러시아 입장에서는, 특별 군사작전 2단계로 전환할 수밖에 없는 상태가 된 것이다.

　러시아는 2단계 작전 목표를 동부와 남부의 완전 장악으로 설정하고, 북부와 동북부 방면에 투입되었던 병력을 철수시켜 동부와 남부 방면의 돈바스와 크림반도 지역에 전투력을 집중하고 있다. 돈바스 지역을 통제하면 러시아가 2014년 우크라이나에서 병합한 크림반도와 연결되는 육상 회랑을 만들 수 있고, 남부를 장악하면 몰도바의

---

14) 바이락타르 TB2, 『나무위키』, https://namu.wiki/w/%EB%B0%94%EC%9D%B4%EB%9D%BD%ED%83%80%EB%A5%B4%20TB2 (검색일: 2022.10.11.)

친러시아 분리주의 지역인 트란스니스트리아로 나아갈 수 있는 또 다른 출구까지 만들 수 있기 때문이다.[15]

2022년 9월 말 현재 마리우폴과 돈바스, 크림반도에서 러시아와 우크라이나는 격전을 벌이고 있고 전쟁의 결과를 누구도 예단하기 힘든 상황이다. 단지 미국, 유럽 등의 서방 세계의 전폭적인 지원으로 선전을 이어갈 것으로 예상된다. 미 상원은 지난 4월 6일현지 시각 우크라이나에 무기와 물자를 좀 더 효율적으로 무제한 제공할 수 있도록 하는 '무기대여법Lend-Lease Act'을 81년 만에 만장일치로 통과시켰다. 존 커비 미 국방부 대변인은 이날 이 법안의 통과로 "우크라이나가 전쟁에서 절대적으로 승리할 수 있다"라고 자신했다.[16] 또한, 전쟁 발발 두 달째를 맞은 지난 4월 24일 로이 오스틴 미 국방장관과 함께 우크라이나 키이우를 전격 방문 중인 토니 블링컨 미국 국무장관은 젤렌스키 우크라이나 대통령과 회담 후 "우크라이나의 주권과 독립을 빼앗으려는 러시아의 목표는 실패했다. 블라디미르 푸틴 러시아 대통령보다 자주 독립의 우크라이나가 훨씬 더 오래갈 것"이라고 강조하기도 했다.[17]

---

15) 러시아군 중부군관구 부사령관 루스탐 민네카예프 준장은 우크라이나 특별 군사작전 2단계에서 러시아군의 과제 가운데 하나는 우크라이나 돈바스 지역과 남부 지역에 대한 완전한 통제를 확보하는 것이라고 말했다. "러시아 장성 '목표는 돈바스·우크라 남부 장악'…유엔 사무총장, 26일 푸틴과 회동,"『YTN』2002.4.23. https://n.news.naver.com/article/052/0001730362 (검색일 : 2022.4.23.)

16) <전문가 분석> 미 상원 '무기대여법' 통과, 미국식 "회색지대전략 본격 가동",『파이낸셜 뉴스』, 2022.4.11., https://n.news.naver.com/article/014/0004818156 (검색일: 2022.4.25.)

17) 美국무 − 국방, 젤렌스키와 심야 회동… "우크라에 9,000억 원대 추가 군사지원",『동아일보』, 2022.4.26., https://n.news.naver.com/article/020/0003424726 (검색일: 2022.4.26.)

2022년 8월 우크라이나의 젤렌스키 대통령이 크림반도 탈환을 전쟁 목표로 공언했고, 드론 등 서방에서 지원해 주는 무기를 앞세워 지금까지 크림반도 탈환의 불꽃이 꺼지지 않고 있다.[18] 하지만 우크라이나의 크림반도 탈환 가능성에 대해서는 아직 논란의 여지가 많은 부분이기도 하다. 2022년 9월 초에는 우크라이나가 하르키우까지 탈환하여, AP와 로이터가 이번 전쟁 들어 키이우 수성에 이어 우크라이나의 가장 큰 성과이자 러시아의 가장 큰 패배라고 평가하기도 했다.[19]

## 2. 비대칭성 창출의 4대 핵심 요인별 분석[20]

비대칭성은 우크라이나군이 진정한 다윗으로서 골리앗인 러시아군을 상대로 선전하게 된 결정적 요인이다. 비대칭성 창출의 4대 핵심 요인 수단·주체, 인지, 전략·전술, 시·공간별 세부적인 분석 결과 및 한국

---

18) 드론 앞세워 … 우크라, 크림반도 탈환 의지 활활, 『한국경제』 2022년 8월 23일, https://n.news.naver.com/article/015/0004740500?cds=news_my (검색일: 2022.8.22.)

19) 볼로디미르 젤렌스키 우크라이나 대통령은 이날 밤 연설에서 "9월 초부터 약 2천㎢가 해방됐다"고 발표했다. 젤렌스키 대통령은 "러시아군에 철수는 옳은 선택"이라며 "우크라이나에 점령자가 설 자리는 없다"고 말했다. 미국의 싱크탱크 전쟁연구소(ISW)는 이달 들어 우크라이나가 수복한 영토가 2천500㎢에 달한다고 분석했다. 이는 서울의 4배가 넘는 면적이다. 러 하르키우주 철수…" 우크라에 키이우 수성 후 최대 성과"(종합), 『연합뉴스』, 2022.9.11., https://www.yna.co.kr/view/AKR20220911000851108?section=international/all (검색일: 2022.9.11.)

20) 신치범, 앞의 논문, pp.105~127의 필자 논문의 내용을 보완하여 기술했다.

군에게 주는 시사점은 다음과 같다.[21]

## 가. 수단·주체의 비대칭성

수단의 비대칭성 관련 유형 전투력 측면에서는 두 나라 모두 재래식 전력 위주로 전투를 수행하여 상대적 우위를 가리기 힘든 상황이다. 단지 다수의 군사전문가들이 작전적 수준과 전술적 수준의 운용 측면에서는 우크라이나가 상대적으로 앞서고 있다고 평가한다. 그런데 무형 전투력 측면에서는 확연한 차이가 있다. 젤렌스키 대통령을 중심으로 국민들이 하나가 되어 조국 수호에 대한 결연한 의지로 단결한 우크라이나가, 불법 침공에 저항하는 러시아 국민의 수가 늘어나고 전투 현장에서는 항명하는 병사들까지 발생하고 있는 러시아와 비교해서 압도적으로 앞서고 있다고 말할 수 있다.

마치 이번 전쟁을 계기로 실험해 보는 것처럼 러시아는 2014년 이후 도입한 BTG를 검증이나 예행연습도 없이 섣불리 전쟁에 투입했다. 전쟁 이전 일부 언론이 러시아군 현대화의 상징처럼 평가했던 BTG는 러시아가 2014년 우크라이나 동부 돈바스 전쟁을 치르며 고안한 새로운 부대 편제다. 특징은 대대급600~880명 부대가 현장 지휘관대대장·중령의 재량권을 바탕으로 기동성 있게 운용된다. 평시에는 여단 규모로 주둔하다가 분쟁 지역으로 출동 명령을 하달받으면, 여단은 BTG 부대로 재편성하여 일종의 TF처럼 전투 현장에 투입된

---

21) 신치범, 앞의 논문, pp.114~123의 필자 논문의 일부 내용을 발췌하여 최신 내용을 포함하여 재구성했다.

다.[22] 탱크, 곡사포, 대포, 대공방어 시스템 등 재래식 전력을 갖춘 각 BTG는 신속한 공격과 장거리 공격으로 전환해서 전투력을 투사할 수 있는 다른 단위부대들을 지원할 능력을 지닌다.

그러나 개별 BTG가 차량에 지나치게 의존하는 반면, 보병 병력은 200명 정도에 불과해 후방이나 측면 공격에 취약하다. 더욱이 이들은 우크라이나 전쟁 계획을 미리 통보받지 못했기 때문에 보급 물자 확보나 정비 계획을 미처 세우지 못한 채 전장에 투입되었다. 보병의 측면 엄호를 받지도 못한 채 도로를 이동하는 러시아군의 탱크와 장갑차들은 우크라이나군의 좋은 표적이 됐고, 제블린을 비롯한 소형 무기들의 먹잇감이 된 것이다.

우크라이나군은 미국 등 서방으로부터 지원되는 제블린[23]/AT-4

---

22) "앞의 기사", 『월간조선 5월호』, pp.329~330.

23) 재블린은 2018년 4월 미국의 군사원조(Military Aid) 품목으로 최초 우크라이나군에 도입되었다. 미국의 레이시온社와 록히드 마틴社가 공동으로 생산하는 재블린은 1996년에 실전 배치되었다. 이것의 사거리는 2.5~5km에, 관통력은 최대 800mm에 이른다. 무엇보다도, 재블린은 발사 후 망각(Fire & Forget) 방식으로 자율표적추적이 가능하다. 또한, 전투원의 위치를 노출시키지 않기 위해 최초 사출 장약에 의해 미사일이 발사관으로부터 추진되고, 이후 미사일 자체 연료가 점화되는 2단계 추진 방식이 적용되어 있다. 그리고 발사된 미사일은 직선으로 날아가다가 바로 표적 위에서 폭발(Top Attack)하여 주요 지형지물에 은·엄폐한 상대를 무력화할 수 있다. 이로 인해 재블린은 상대를 물리적으로 파괴할 수 있을 뿐만 아니라 심리적인 공포심도 유발할 수 있다. 우크라이나군은 미국의 군사원조로부터 재블린을 최초로 획득했다. 그리고 러·우 전쟁이 발발하기 직전인 2021년 말부터 미국으로부터 재블린을 계속해서 공급받고 있다. 이로 인해 우크라이나군은 러시아군 BTG의 종심 기동을 저지할 수 있는 능력을 갖추게 되었다. 무엇보다도 지형과 지리의 이점을 활용하여 전력 열세에도 불구하고 공세 행동이나 공격작전을 수행할 수 있는 능력도 갖추게 되었다. 군사혁신(Revolution in Military Affairs) 측면에서 바라본 우크라이나군의 전쟁 준비, 우크라이나-러시아 전쟁 분석(7), 『네이버 무기백과사전』 https://m.terms.naver.com/entry.naver?cid=60344&docId=6615892&categoryId=60344 (검색일: 2022.5.15.)

휴대용 대전차 무기와 NLAW 대전차 미사일 등의 대전차 무기와 FIM-92 스팅어 미사일 등의 대공 무기와 TB 2 드론 등을 통해 러시아의 공격에 효과적으로 저항하고 있다. 가디언, 파이낸셜타임스FT, BBC 등은 지금까지 우크라이나가 서방으로 지원받은 무기가 전쟁의 양상을 바꿔놓고 있다고 분석한다. 단시일 내에 우크라이나 수도 키이우 등을 점령하겠다는 러시아의 계획을 좌절시킨 것은 우크라이나가 러시아의 강점을 무력화하기 위해 보유한 기동형 전자전 장비 등의 무기와 서방에서 지원받은 무기를 잘 조합하여 작전 환경에 걸맞은 맞춤형 무기체계로 적절하게 활용했기 때문이다. 우크라이나가 러시아에 강하게 반격하며 전세를 역전시킨 데는 미국이 지원한 고속기동 포병 로켓 시스템HIMARS·하이마스[24]이 일등공신 역할을 했다고 월스트리트저널WSJ이 보도하기도 했다.[25]

---

24) 하이마스는 M270 MLRS는 브래들리 전투차 차대 기반이라 중량도 무겁고 차량 크기도 크며 궤도형이라서 기동력에 한계가 있었고, C-130 전술 수송기를 통한 수송과 전개가 불가하여 전개에 제한이 있었다. 이 단점을 해결하기 위해 MLRS의 발사대를 절반으로 줄이고 오시코시 5톤 FMTV 6x6 구동 중형 전술 트럭(MTV)에 탑재한 것이 하이마스이다.
장점으로는 MLRS와 비교해 속도도 빠르고 무게가 가볍다는 것과 M270이 운용하는 모든 탄약 종류를 M142 또한 호환해 운용할 수 있어 범용성이 높다는 점이다. 또한, C-130 수송기로 아예 수송이 불가능한 M270 MLRS와 달리 동시에 2대까지 수송할 수 있어 미 해병대, 주 방위군, 미 육군 등 다양한 군종에서 운용하고 있다. 오시코시 트럭의 신뢰성 덕택에 가동률도 높고 어지간히 험한 지형이 아니라면 주파 능력도 크게 뒤처지지 않으며, 아울러 장거리 기동이 가능하다는 점이 우크라이나 같은 넓은 평야 지대에서 큰 장점으로 작용한다.
단점은 MLRS의 거의 절반 수준으로 발사대 크기를 줄이다 보니 227mm 다연장치고는 장탄 수가 적어서 단차의 화력이 상대적으로 약한 것이다. 그러나 별도의 보급차량을 이용한 자동장전 방식이기에 실전에서 큰 문제는 없으며, 부족한 순간투사화력 역시 한 번에 쏟아붓는 것보다는 GMLRS 유도로켓을 이용한 정밀 타격으로 보완할 수 있다.
M142 HIMARS, 『나무위키』 https://namu.wiki/w/M142%20HIMARS (검색일: 2022.10.10.)
25) "우크라 반격 70%는 '게임체인저' 하이마스 덕분", 『연합뉴스』, 2022.10.9., https://

<그림 4-2> 기동형 전자전 장비 R-330KV1M, Bukovel-AD

## R-330KV1M

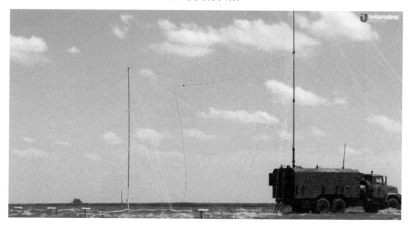

## Bukovel-AD R4 EW 시스템

*출처: 우크라이나 군사센터 인터넷 홈페이지[26]

www.yna.co.kr/view/AKR20221009037200009 (검색일: 2022.10.9.)
26) 우크라이나 군사센터 인터넷 홈페이지, https://mil.in.ua/en/news/reznikov-called-electronic-warfare-as-a-priority-for-the-armed-forces-of-ukraine/ (검색일:2022.10.11.)

젤렌스키 대통령을 중심으로 하나가 된 우크라이나는 전투원들뿐 아니라 여성과 노인들까지 자원해서 조국 수호를 위해 사력을 다하고 있다. 서방에서 무기만 지원해 주면 끝까지 싸우겠다고 전투 의지를 불사르고 있다. 반면 러시아 국민들의 푸틴 대통령에 대한 지지율은 여전히 높지만, 전쟁 초기에 불법 침공에 대해 공공연하게 반대 시위를 하고 전투 현장에서는 참전한 병사들이 상관에게 항명하거나 전투 이탈까지 하는 사례가 많았다.[27]

수단의 비대칭성 확보를 위해 러·우 전쟁이 한국군에 주는 시사점은 다음과 같다. 먼저 유형 전투력 측면에서 한국군은 우크라이나군처럼 저가의 맞춤형 무기체계를 융통성 있게 융·복합시켜 효율적인 군사력을 건설하면서 효과적인 작전을 수행하는 방안을 모색해야 한다. 또한, 고가의 첨단 무기체계 개발에만 치중하는 것보다 저가의 상용 드론과 같은 효율적인 무기체계를 활용한다든지 기존의 무기체계를 상황에 맞게 성능 개량시켜 활용하는 High-Low 믹스 개념의 군사력 건설 방안도 함께 고려하면 시너지 효과가 더욱 증대될 것이다.[28] 효율적이면서 강한 힘을 갖게 될 것이다.

---

27) 연합뉴스에 따르면, "푸틴 대통령에 대한 러시아인의 신뢰도가 80%를 넘는다고 러시아 관영 타스 통신이 자국 여론조사 기관을 인용해 2023년 4월 7일(현지시간) 보도했다"고 밝혔다. "러시아인 80.4%가 푸틴 신뢰…국정 지지율은 77.9%," 『연합뉴스』, 2023.4.7., https://www.yna.co.kr/view/AKR20230407131300009 (검색일: 2023.10.15.)
서울대 이문영 교수도 삼프로TV에 출연해, "2023년 4월 현재 러시아 국민의 80%가 푸틴 대통령을 지지한다"라고 언급했다. https://www.youtube.com/watch?v=8EQQym9MKeY (검색일 : 2023.10.15.).

28) '육군비전 2050 수정 1호'에서도 High-Low 믹스 개념의 무기체계 개발 개념을 제시하고 있다. 육군본부, 『육군비전 2050 수정 1호』, p.125.

또한, 러·우 전쟁은 무형 전투력 측면에서 수단의 비대칭성 확보가 얼마나 중요한지를 한국군에게 시사해 준다. 국가 총력전 관점에서 군 통수권자인 국가지도자의 진두지휘 전장 리더십이 얼마나 중요한지, 군인뿐 아니라 국민과 함께 모두가 일치단결된 전투 의지가 얼마나 중요한지를 알려준다. 한국군은 군 통수권자를 중심으로 국민, 군대, 정부가 결연하게 뭉친 삼위일체의 강한 대한민국을 만들기 위해 지속적으로 다양한 방안을 강구해 나가야 한다.

강력한 힘과 결연한 전투 의지로 똘똘 뭉친 대한민국은 전쟁을 억제하면서 억제에 실패하더라도 유사시 언제, 어디서, 누구와 싸워도 반드시 이길 수 있는 실질적인 태세를 갖출 수 있을 것이다.

다음으로, 주체의 비대칭 측면에서 우크라이나는 국가 총력전을 넘어 국제 총력전이라 불러도 이상하지 않을 정도로 국제적인 지원을 받아 전쟁 주체로 지혜롭게 활용하여 비대칭성의 효과를 극대화하고 있다.

현대전의 특징 중 하나가 국가 총력전이다. 국가의 인적·물적 모든 자원들이 전쟁에 투입된다는 것이다. 우크라이나군이 군사적 열세에도 불구하고 강력한 러시아군에 효과적으로 대항할 수 있었던 이유는 군 정원에 포함되지 않는 전력을 보유했기 때문이다. 이것은 우크라이나군이 정규군이나 예비군에 속하지 않은 별도의 부대를 보유하고 있다는 의미이다. 민간 드론부대와 IT부대가 대표적일 것이다.[29]

---

29) Rina Glodenber, "Ukraine's IT Army: Who are the cyber guerrillas hacking Russia?" DW, 24 March 2022. Matt Burgess, Ukraine's Volunteer 'IT Army' is Hacking in Uncharted Territory," WIRED, 27 Feb 2022.

민간 드론부대는 2014년 돈바스 전쟁 이후 민간 드론 기술자들이 주축이 되어 결성되었다. 공중 정찰의 의미인 '아에로로즈비드카Aerorozvidka'로 불리기도 한다. 이들은 우크라이나군 지상 부대와 연계하여 다양한 형태의 근접 전투를 수행하고 있다. 예를 들면, 드론을 활용하여 항공 정찰을 실시한 후 포병 화력을 유도한다. 또한, 적외선이나 열영상 센서가 장착된 드론에 급조 폭발물IED을 장착하여 러시아군 전차, 장갑차, 전술차량 등을 사냥하는 야간 작전에 나서기도 한다. 이를 통해 우크라이나군의 선견先見 능력은 강화되었고, 공중 영역에서 러시아군을 상대로 전술적 우위를 점할 수 있게 되었다.[30]

그런데 이제는 국가 총력전을 넘어 '국제 총력전'의 시대가 도래했다는 것을 알려 주는 게 이번 전쟁의 특징 중 하나다. 이번 전쟁에서 미국, NATO 회원국 등을 비롯한 서방 세계의 국제적인 지원이 우크라이나의 효과적인 저항에 결정적 효과를 발휘하듯, 한 국가의 자원뿐 아니라 초연결되어 있는 국제사회의 자원까지 어떻게 효과적으로 활용하느냐에 따라 전쟁의 승패가 좌우될 수 있다는 것을 확인할 수 있기 때문이다. 즉 앞으로는 자국민의 인화 단결을 위한 전쟁 의지와 사기를 북돋우는 활동뿐 아니라 효과적인 국제적 지원을 받기 위한 전 지구적인 자원을 포함하여 주체의 비대칭성을 창출할 필요성이 높아지고 있다는 것을 알려준다.

한국군은 주체의 비대칭성 확보를 위해 먼저 국가 총력전 차원에

---

30) 우크라이나 - 러시아 전쟁 분석(3) , 『Naver 지식백과: 무기백과사전』, https://terms.naver.com/entry.naver?docId=6599288&cid=60344&categoryId=60344 (검색일 : 2022.4..15.)

서 민군 융합 플랫폼을 창의적으로 활용할 필요가 있다. 한국군은 평시부터 적극적으로 민군 융합 플랫폼을 활용하여 효율성과 효과성을 동시에 높이는 방안을 강구해 나가야 한다. 개방형 연구개발R&D 과 상용 기술·제품에 대한 테스트베드Test-Bed 제공 역할을 확대하여 민군기술협력 사업을 더욱 활성화하는 것은 그 출발점이 될 것이다. 군 조직 내에 민군 융합 조직을 확대하는 방안 강구도 필요하다. 현재의 제도를 개선해 나가면서 국방과학기술혁신촉진법과 비상근 예비군 제도처럼 새로운 법과 제도를 만드는 다양한 방책을 마련해 나가야 한다.

다음으로, 주체의 비대칭성 우위를 극대화하기 위해 국제 총력전 차원에서 한국군은 다양한 형태의 전방위적 군사외교 활동으로 역내 영향력을 확대해 나가면서 국가 이익[31] 증진에 기여해야 한다. 이것은 다자주의에 기반한 외교 역량과 시너지 효과를 높일 것이다. 동시에 국제적인 지원 주체를 효과적으로 활용하는 시스템을 평시부터 갖춰 나가게 할 것이다.

따라서 한국군은 민군 융합 플랫폼[32]에 기초한 자주국방 능력을

---

31) 헌법 전문과 1973년 국무회의에서 의결된 대한민국 국가 목표는 '자유민주주의 이념 하에 국가를 보위하고 조국을 평화적으로 통일하여 영구적인 독립을 보전한다.' '국민의 자유와 권리를 보장하고 국민 생활의 균등한 향상을 기하여 사회복지를 실현한다.' '국제적 지위를 향상시켜 국위를 선양하고 항구적인 세계평화에 이바지한다'였다. 여기에서 유추하면 국가의 생존보장, 경제의 번영과 복지의 실현, 민주주의의 발전, 통일의 실현, 세계평화에 기여하는 것이 대한민국의 국가 이익이라 볼 수 있다. 한용섭, 『우리 국방의 논리』, (서울: 박영사, 2019)

32) 홍규덕 교수는 다음과 같이 민군 융합 플랫폼의 활성화를 강조한다. "결국 기술력 우위를 보장할 제도적 장치를 마련하고, 민군 협력을 강화해야 하며, 동맹국들 간의 기술 협력을 확보해 나가는 노력이 그 어느 때보다 필요하다. 현재 정부는 국방 첨단기술을 확

제고하면서 국가 차원에서는 한미동맹을 포괄적 동맹으로 발전시켜 나가야 한다. 다자주의 기반의 외교 지평을 넓혀 나가는 것은 주체의 비대칭에서 압도적인 우위를 보장하게 할 것이다.

## 나. 인지의 비대칭성

무엇보다 인지의 비대칭성 측면에서 우크라이나는 러시아를 압도하고 있다고 말해도 과언이 아니다.[33]

---

보하기 위해 ADD 산하에 「민군협력진흥원」을 설립하고, 민간 부분의 기술을 군에 적용하기 위해 노력하고 있으며, 방사청에 「미래도전기술과제」들을 설정하고, 당장 전력화되거나 군의 소요가 없더라도 국방 및 군사 분야에 적용될 수 있는 민간 분야 첨단기술을 기존의 방위사업 절차와 무관하게 도입할 수 있는 장치를 마련하고 있다. 또한, 민군협력기술 개발을 장려하기 위해 과기정통부, 국토부 등 11개 부처에 부처 예산 2%를 국방부와의 민군협력 기술개발에 사용하도록 관계 법령을 정비하고 있다. 이러한 노력이 지속적인 관리 하에 실천 가능한 지표가 될 수 있도록 노력해야 하며, 관료적 병목현상을 제거해 주고 지속적인 투자가 이루어지도록 노력해야 한다." 홍규덕, "한국의 국방개혁 과제 2030," 『신아세아』(제26권 제3호 통권 100호, 2019), pp.222~223.

33) 송태은 국립외교원 교수는 2022년 러·우 전쟁에서 러시아가 전쟁에서 목표로 한 인지전에서 효과를 거두지 못한 이유를 다음과 같이 설명한다. "1) 명분 없는 전쟁을 수행한 데 대한 국제사회의 반발, 2) 과거 지속적으로 서방과 동유럽에서 반복한 러시아 내 러티브의 기만성으로 인해 러시아發 정보가 설득력을 잃은 것, 3) 세계 IT 기업이 러시아發 담론이 국제사회에 확산되지 않도록 러시아 관영 매체의 콘텐츠를 차단한 반면 우크라이나의 담론은 확산되도록 지원한 것을 열거해 볼 수 있다"라고 분석한다.
반면, 우크라이나가 러시아에 비교해 상대적으로 인지의 비대칭성에서 상대적 우위를 점하고 있는 이유를 다음과 같이 강조한다. "1) 2014년 러시아 침공에 대한 학습 효과로 인하여 효과적인 반격 내러티브를 시의적절하게 발신했고, 2) 젤렌스키 대통령이 우크라이나가 발신하는 내러티브를 시의적절하게 발신했으며, 3) 서방이 러시아의 군사 정보를 우크라이나에 적절하게 제공하여 우크라이나가 정보우위를 누릴 수 있었고, 4) 세계 IT 기업이 우크라이나의 정보심리전(인지전) 담론이 우세할 수 있도록 도왔던 것과, 5) 우크라이나 시민들의 소셜미디어를 사용한 정보심리전(인지전) 가담 등으로 러시아보다 성공적인 정보심리전(인지전)을 이끈 것으로 볼 수 있다"라고 분석하며 인지의 비대칭성 측면에서 우크라이나가 러시아를 압도하고 있다고 강조한다.
특히 러시아의 인지전(정보심리전)이 실패한 가장 큰 이유를 "지속적으로 반복되어 온 이번 전쟁을 여론 전쟁이라고 말하는 러시아 전문가들이 적지 않다.[34] 4차 산업혁명 시대의 특징 중 하나인 초연결 네트워크의 위력은 대단하며, 그만큼 인지 영역의 비대칭성이 얼마나 중요한지를 보여주는 대표적인 사례가 된 게 이번 전쟁이다. 우크라이나의 젤렌스키 대통령과 우크라이나 국민들은 트위터, 유튜브, 페이스북 등 SNS를 효과적으로 활용하여 우크라이나에 유리한 여론을 형성해서 인지 영역에서의 비대칭성을 창출하는 데 성공했다. 자유민주주의 서방과 러시아와 같은 권위주의 체제의 대결 양상을 부각해 우크라이나 국민들을 하나로 단결시키고, 불법 침공한 푸틴의 러시아를 악마화하면서 자유민주주의 서방 세력을 중심으로 한 세계 여론까지 우크라이나에게 우호적인 여론을 결집시켰다[35].

우방국 국회와 국제회의에 화상으로 직접 등장해 러시아의 불법 침공을 규탄하면서 부차 등에서의 민간인 학살을 자행하는 러시아의 만행을 만방에 알리면서 서방의 지원을 호소했다. 부차 민간인 학살 현장, 폐허가 된 시가지 모습을 통해 러시아와 전쟁의 참혹상을

---

러시아發 내러티브에 대해 우크라이나와 서방이 익숙해진 것, 즉 '학습효과(learning effects)'를 지목할 수 있다"라고 말한다. 송태은, 『러시아 – 우크라이나 전쟁의 정보심리전: 평가와 함의(IFANS 주요 국제문제 분석 2022-12)』(서울: 국립외교원 외교안보연구소, 2022), p.23~30.

34) SAND 연구소 2022년 2월 정세 분석 세미나에서 국내 대표적인 러시아 전문가인 윤익중 한림국제대학원대학교 교수는 "러시아 우크라이나 전쟁은 팩트(fact)보다 여론이 전쟁을 하고 있다"라고 언급했다. 윤익중, "우크라이나 사태와 미국의 대응 및 대북정책," 『사단법인 SAND 연구소 2월 정세분석 세미나 자료집』(SAND 연구소, 2022.2.26.)

35) 송태은 국립외교원 교수는 "우크라이나는 양국의 전쟁을 우크라이나와 러시아 양국 간 전쟁이기보다 '민주주의 진영 vs 푸틴의 전쟁'으로 프레이밍(framing)하면서 국제사회에 민주주의 연대를 호소하고 있다"라고 말한다. 송태은, 앞의 책(IFANS 주요 국제문제 분석 2022-12), p.18.

알리는 미스 우크라이나, 러시아군의 진격을 막기 위해 다리와 함께
산화한 우크라이나 전투원, 러시아군을 혼내는 아주머니의 모습을
비롯한 우크라이나 국민의 조국 수호에 대한 결기가 SNS를 통해 널
리 전파되었다. 또한, 우크라이나군은 NLAW로 러시아군 전차를 타
격하는 영상을 SNS에 올리고 있다. 이것들이 자유민주주의를 수호
하고자 하는 우크라이나의 저항 의지와 결기를 자연스레 나타내고
있는 것이다.

즉 우크라이나는 Facebook, Twiter, Telegram, Tiktok 등 SNS를
통한 전황 생중계로 러시아군에게는 심리적 공포를 심어 주고 있고,
자국민에게는 결연한 저항 의지를 북돋고 있으며, 국제사회의 실제적
인 지원을 이끌어내고 있는 것이다. 한마디로 우크라이나는 첨단무기
가 아닌, 최전선에서 대전차무기를 든 전투원과 국민이 중심이 되어
인지전Cognitive Warfare을 수행하고 있는 것이다.[36]

인지의 비대칭성 우위 확보를 위해 한국군에게 북한의 폐쇄성은
곧 우리에게 기회의 창이다.[37] 앞서 분석한 대로, 4차 산업혁명 첨단

---

36) 정보과학기술의 발달로 세계 각지에서 이루어지는 다양한 뉴스들이 실시간에 전파되
고 있다. 전쟁 상황도 마찬가지이다. 그래서 한 국가가 전쟁을 수행 시 대통령으로부터
말단 병사에 이르기까지 그들의 말과 행동이 매우 중요하게 되었다. 신종필, "북한의
제4세대 전쟁에 대한 한국군 대응방안," 『군사연구』(제151집, 2021), p.122.

37) 북한은 세계에서 가장 폐쇄적인 국가 중 하나다. 외부 세계로부터 단절되어 있고 국가
가 모든 것을 통제하고 감시하는 사회이다. 북한은 대내외적으로 체제 선전과 주민들
에 대한 사상교육을 담당하는 노동당 선전선동부를 중심으로 김정은 체제를 선전 선
동하고 있다. 김정은의 최측근인 여동생 김여정이 부부장 직책을 맡아 '김정은 입' 역
할을 수행하고 있는 조직이 선전선동부. 북한에서 백두혈통으로 불리는 김여정을 선
전선동부 수장으로 활용한다는 것은 북한에서 선전선동이 얼마나 중요한지, 북한 정
권이 주민들의 사상 통제를 얼마나 중요시하는지, 북한이 얼마나 폐쇄적인 사회인지를
여실히 보여 준다. 신치범, 앞의 논문, p.119.

과학기술로 초연결되어 있는 러·우 전쟁 현장에서 러시아의 폐쇄성은 치명적인 약점으로 작용하고 있기 때문이다. 이번 전쟁에서 우크라이나가 보여 주고 있는 인지 영역에서의 비대칭성 확보는 우리가 러시아보다 훨씬 폐쇄적인 북한에 비해 압도적인 인지의 비대칭성 우위를 확보할 수 있다는 자신감을 준다. 앞으로 초연결 네트워크를 기반으로 초지능·초융합될 미래 사회로 갈수록 이러한 기회의 공간을 더욱 확장될 것이다.

따라서 인지의 비대칭성 창출을 위해 전략적, 작전술, 전술적 수준에서의 인지전 수행 능력을 면밀하게 진단해 보고, 식별된 문제점을 개선하기 위해 노력해 나가야 한다.

### 다. 전략·전술의 비대칭성

국가 및 세계 전략의 비대칭성 차원에서 볼 때, 젤렌스키 대통령은 서방 민주주의 진영을 결집시켜 서방 민주주의 진영 우크라이나 대 권위주의 진영 러시아의 대결로 러·우 전쟁을 규정하게 했다. 러시아 혐오증Russophobia을 활용하여 서방의 지속적인 지원을 얻어냄으로써 전략의 비대칭성으로 수단의 비대칭성까지 창출하고 있다.

군사전략의 비대칭 측면에서 우크라이나는 러시아보다 매우 적응적이고 기민하며 창의적인 전략을 구사하고 있다. 러시아의 약점을 찾아 그 약점에 우크라이나의 강점을 집중하는 전형적인 비대칭 전략을 구사하고 있다.

러시아는 북부키이우 방면, 북동부하르키우 방면, 동부돈바스 방면, 남부크림반도 방면 등에 대한 다정면多正面 동시 공격을 실시하여 전쟁의 원칙 중 중시되는 전투력 집중의 원칙을 제대로 지키지 않는 무리한 전략을 구사했다.[38] 우발 계획에 대한 준비 부족으로 속전속결로 승리를 거두지 못하자 전쟁 초기에는 우발 계획이 아닌 기존의 기본 계획을 강행하여 실패를 반복하는 우를 범했다. 헤르손 인근 비행장을 탈취하기 위해 무모하게 희생을 치르면서까지 10번의 동일한 공격을 감행했던 게 대표적인 예이다.

이에 반해 임무형 지휘에 기반한 우크라이나군의 전략은 매우 적응적이고 기민하게 대응하고 있다. 러시아군의 공격 진행 상황을 실시간 적절하게 평가한 후 식별된 강·약점에 대해 적응형 비대칭 피실격허 전략을 효과적으로 구사하여 북부<sup>키이우</sup> 방면와 북동부<sup>하르키우 방면</sup> 공격을 효과적으로 방어할 수 있었다. 물론 러시아군이 전략을 전환하여 동부와 남부에 집중하기 위해 전략적 후퇴를 한 점이 있을지라도, 결국 우크라이나군의 기민하고 효과적인 적응적 전략이 제대로 구사되었기 때문에 러시아도 전략을 전환할 수밖에 없었던 것으로 평가한다.

우크라이나가 이렇게 적응적이고 기민한 전략·전략의 비대칭성을 극대화할 수 있었던 것에는 임무형 지휘 숙달이 숨어 있다. 우크라이

---

38) 이해영 한신대 교수는 "러시아군의 최초 전쟁 목표가 우크라이나 전 영토, 특히 수도의 군사적 강점이 아니라 미리 정한 정치적 목적을 강제하기 위한 제한전"이었으며, "우크라이나군이 러시아군의 주전장인 동부 돈바스 방면으로 전환하는 것을 방지하기 위한 거대한 기만작전이었다"라고 주장한다. 또한, "키이우 방면에서 우크라이나군이 승리했다는 것은 우크라이나와 서방의 네러티브에 지나지 않는다"라고 언급한다. 즉 러시아군의 작전술 측면에서 볼 때, 수도 키이우에 대한 러시아군의 공격은 젤렌스키 대통령을 체포하고 우크라이나군의 전략 예비를 북부 지역에 고착하기 위한 성공적인 거대한 기만작전(Grand Deception)이었다고 보는 시각도 있다. 이해영,『우크라이나 전쟁과 신세계 질서』(경기 파주: 사계절, 2023) pp.129~141.

나군은 중앙집권적이고 통제형 지휘를 하는 러시아군에 대해 비대칭성 창출을 극대화하기 위해 임무형 지휘를 기반으로 소규모 분권화 전투에 적합한 전략·전술의 비대칭성에 집중했다. 즉 러시아와 동일한 전략과 전술로 대응하는 것은 부적절하다고 판단하여 NATO군과의 군사 협력을 통해 임무형 지휘 능력 배양에 기반한 분권화 전투 역량을 구비한 것이다.[39]

우크라이나는 2014년 러시아의 하이브리드전 Hybrid Warfare에 휘말려 크림반도와 돈바스 일부 지역을 상실하게 되었다. 당시 우크라이나군은 중앙집권적인 지휘체계로 압도적인 전투력을 보유한 러시아군을 상대한 것은 패착이었다고 분석했다. 이로 인해 우크라이나군은 싸우는 방법을 분권화 전투로 변경했고, 이를 뒷받침할 수 있도록 현장 지휘관자과 전투원들이 상황에 따라 자유자재로 '감시-결심-타격'하는 임무형 지휘 Mission Command의 도입을 서둘러 추진했다.[40]

---

39) 신의철·김효엽, "비대칭성(Asymmetry)을 활용한 우크라이나의 전투 수행 방법", 『육군대학 우크라이나 러시아 전쟁 세미나 자료집』(육군대학, 2022.8.19.)

40) 신희현, "임무형 지휘에 기초한 우크라이나군의 분권화 전투 연구", 『문화기술의 융합』(제8권, 제4호, 2022), p.116. 2021년 우크라이나군 총참모장으로 임명된 발레리 잘루즈니(Valerii Zaluzhnyi) 장군의 노력으로 우크라이나군의 체질은 조금씩 바뀌기 시작했다. 잘루즈니 장군은 지속적으로 우크라이나군이 실시간 변화하는 전장 상황에 적응하지 못한 상태로 상대적으로 전투력이 강한 러시아군과 동일한 방법으로 싸운다면 승산이 없다고 판단했다. 이로 인해 그는 러시아군의 취약점을 집중 공략하기 위해 다영역에서 정규전과 비정규전을 융·복합하여 시너지를 창출해야 한다고 강조했다. 또한, 이를 구현할 수 있도록 현장 지휘관(자)과 전투원들이 급변하는 전장 상황에 맞춰 '상황판단-결심-대응'하는 임무형 지휘의 중요성을 역설했다. 군사혁신(Revolution in Military Affairs) 측면에서 바라본 우크라이나군의 전쟁 준비, 우크라이나-러시아 전쟁 분석(7), 『네이버 무기백과사전』 https://m.terms.naver.com/entry.naver?cid=60

그런데 우크라이나군에는 앞서 언급한 것처럼 소련의 중앙집권적인 지휘체계와 조직 문화의 잔재가 남아 있고, 임무형 지휘와 관련된 경험이 부족해서 임무형 지휘를 받아들이기 쉽지 않았다. 그래서 교육훈련 혁신을 위해 우크라이나군 지도부는 나토 NATO군과 군사 협력을 통해 해결해 나갔다. 미 유럽사령부 예하의 7군 훈련사령부와 협조하여 2016년 우크라이나 야보리브 Yavoriv 지역에 전투훈련센터를 설립한 것이다.[41]

〈그림 4-3〉 야보리브에 설립된 전투훈련센터[42]

344&docId=6615892&categoryId=60344 (검색일: 2022.5.15.)

41) 미 유럽사령부 제7군 훈련사령부 홈페이지, https://www.7atc.army.mil/History/ (검색일:2022.5.15.)

42) https://www.dvidshub.net/image/6849429/ukrainian-soldiers-conduct-urban-operations (검색일: 2022.8.28.)

전투훈련센터에는 나토군으로 구성된 다국적훈련그룹Joint Multinational Training Group-Ukraine, JMTG-U이 조직되었다. JMTG-U에는 미군, 영국군, 캐나다군, 폴란드군, 리투아니아군 등이 참가했다. 이 중 미군은 다영역 전투와 개인·부대훈련 능력을 보유한 주 방위군의 여단 전투단을 순환 배치했다.

JMTG-U는 우크라이나군의 상호 운용성 및 훈련 능력 강화를 지원하며, 궁극적으로 우크라이나의 장기적인 군사 개혁 노력을 촉진하기 위한 것이다. JMTG-U는 동맹국과 파트너 국가를 통합하여 국방부 5개 대대와 특수 부대 1개를 훈련하고, 국제평화유지안보센터IPSC 내 역량과 능력을 개선하고, 상호 운용성 요구 사항을 충족하기 위해 우크라이나군의 군사 교리와 구조를 개발한다.

〈표 4-1〉 JMTG-U 편성

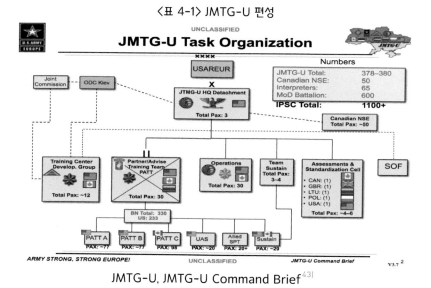

JMTG-U, JMTG-U Command Brief[43]

43) JMTG-U, JMTG-U Command Brief, 2016.1.18., p.2.

JMTG-U는 전투훈련센터에 입소하는 600명 규모의 우크라이나 군을 위해 3단계로 진행되는 9주간의 훈련 프로그램을 설계했다. 무엇보다도 JMTG-U는 임무형 지휘를 훈련의 중점으로 삼았고, 우크라이나군에게 개인 훈련, 팀, 소부대 및 대대 순으로 진행되는 전술 훈련, 그리고 지휘관과 대대 전투참모단을 대상으로 한 전투지휘 강화 훈련 프로그램을 제공했다. 우크라이나군의 모든 대대는 러·우 전쟁이 발발하기 직전인 2021년까지 전투훈련센터에서 임무형 지휘를 숙달할 수 있었다.[44]

그 결과 임무형 지휘에 기초하여 러시아군에 비해 압도적인 작전 템포에 의한 소부대 단위의 분권화 전투로 대전차 공격팀의 매복 전투와 드론정찰팀의 화력 전투가 혁혁한 공을 세우고 있는 것이다. BBC는 이들의 활약으로 키이우를 접근하는 러시아군을 저지시킬 수 있었다고 대대적으로 보도하기도 했다.[45]

미·중 전략적 경쟁과 급변하는 4차 산업혁명 시대 속에서 핵·미사일을 고도화하고 있는 북한과 점증하고 있는 주변국의 잠재적 위협 등 다중 복합적인 위협에 둘러싸인 한국군에게 전략·전술의 비대칭성은 무엇보다 중요한 핵심 요인이다. 기민하고 적응적인 한국적 군사전략과 이에 기초한 유연한 군 구조의 필요성이 더욱 증대되고 있

---

44) 신희현, "임무형 지휘에 기초한 우크라이나군의 분권화 전투 연구," 『문화기술의 융합』(제8권, 제4호, 2022), p.117.

45) Ukrainian Forces Use Drones To Hunt For Russian Columns West Of Kyiv, RFE/RL's Ukrainian Service, March 25, 2022., https://www.rferl.org/a/ukraine-russia-invasion-kyiv-makariv-volunteers-drone-reconnaissence/31770732.html (검색일 : 2022.8.28.),

는 지점이다.

이러한 상황을 현실주의 관점에서 냉철하게 분석한 후 한반도 작전전구KTO 환경에 부합하는 개념, 수단, 방법이 포함된 한국적 군사전략 개발이 긴요하다. 이때 한국군의 능력을 너무 자조적으로 볼 필요는 없다. 자주국방력을 갖추기 위해 40여 년 율곡사업을 시작하였고 수십 년간 국방개혁을 추진하면서, 재래식 전력에서 세계 군사력 6위에 위치할 정도로 첨단과학 기술군으로서의 모습을 차츰 갖춰가고 있기 때문이다.

이러한 상황 인식과 평가를 바탕으로 수립된 '첨단능력기반 동시 방위전략'은 북한의 전면적 도발을 억제하기 위한 것으로는 충분하지 않고 보다 적극적으로 전쟁 수행 능력의 강화에 기반을 둔 '실전기반 억제' 전략[46)]이 담긴 한국적 군사전략으로 전략의 비대칭성을 확보하는 출발점이 될 것이다. 미래 전장에서 초연결 기반의 다영역 동시 통합작전 수행에 필요한 한국적 군사전략을 심화·발전시켜 '전략·전술의 비대칭성'을 더욱 극대화해 나가야 할 것이다.

이러한 동시 방위전략에 기반한 한국적 군사전략은 국가 및 세계 전략 차원의 비대칭성 속에서 진행되어야 한다. 러·우 전쟁에서 보듯, 초연결된 세계에서 국가 및 세계 전략 차원의 비대칭성 추구는 무엇보다 중요하다. 자유민주주의 대한민국이라는 장점을 충분히 살린다면 서방 민주주의 세력을 규합하여 북한과 제3국과의 복합적인 다중 위협을 더욱 효과적으로 대응해 나갈 수 있을 것이다.

---

46) 박창희, "한국의 '신 군사전략' 개념: 전쟁수행 중심의 '실전기반 억제'," 『국가전략』(제 17권 제3호, 2011).

전략적 수준에서의 비대칭성과 함께 연결되어 있는 전술적 수준의 비대칭성을 함께 추구하여 시너지 효과를 극대화해야 한다. 이는 임무형 지휘를 바탕으로 부대를 지휘하면서 전장 상황에 걸맞은 기민한 '상황 판단-결심-대응'이 가능한 적응형 전술이 그 기본 토대가 될 것이다.

### 라. 시·공간의 비대칭성

시간의 비대칭성도 우크라이나가 우위를 보이고 있다. 먼저 우크라이나는 세계적인 빅테크의 지원을 받아 스타링크·델타시스템을 활용하면서 간단없는 C4I 체계를 유지하고 있다. 드론 등의 감시정찰·타격 수단을 통해 효과적으로 표적 정보를 수집하여 OODA 주기를 최소화하고 있다. 드론정찰팀이 다른 지휘 계선을 거치지 않고 화력을 제공하는 부대와 직접 무전으로 통신하면서 OODA 주기를 단축하여 높은 피해율을 달성할 수 있게 된 것이다.[47] 또한, 우크라이나군은 임무형 지휘에 기반한 분권화 작전을 통해 현장 지휘관의 지휘통제의 기민성 Agility을 향상시킴으로써, 중앙집권적 통제로 일관하는 러시아군에 비해 우크라이나군의 OODA 주기를 단축함으로써 시간의 비대칭성을 극대화하고 있다. 이는 시간의 비대칭성이 전략·전술의 비대칭성인 임무형 지휘와 융·복합되어 비대칭성의 시너지 효과를 더욱 극대화하고 있다고도 분석할 수 있다.

반면에 러시아군은 우크라이나로 깊숙이 진입하면 할수록 통신이

---

47) 신희현, 앞의 논문, p.119.

끊기고 C4I가 제대로 작동하지 않아 계획된 결심 주기에 따라 제대로 된 전투 수행을 하지 못하고 있는 실정이다. 일반 핸드폰 등 보안이 되지 않는 통신 수단을 활용하여 작전 보안에 문제가 생겨 전투에서 실패하는 사례까지 발생하고 있다.

공격자와 방어자의 상대적 시간 개념에서도 러시아는 비대칭성의 우위를 점하지 못하고 있다. 러시아군은 라스푸티차[48]가 오기 전에 단기간에 전쟁을 끝내려 했으나 기습과 집중에 실패하여 전쟁이 장기 소모전 양상으로 전환되었다. 러시아군은 작전 템포와 기세를 좌우하는 시간의 비대칭성을 우크라이나군에게 뺏김으로써 초전의 패착을 초래한 것이다. 중국의 요청으로 동계올림픽 기간에 기습적으로 전쟁을 개시하지 못했던 대외적인 요인과 함께, 전투력을 4개 정면으로 분산시킨 대내적인 요인이 동시에 작용하여 시간의 비대칭성을 확보하지 못한 러시아군은 라스푸티차가 오기 전까지 전쟁을 끝내지 못했다. 그 결과 키이우와 하르키우 정면의 전투력을 후퇴시키고 2단계 작전에 돌입할 수밖에 없는 상황에 직면하게 된 것이다.

한국군은 시간의 비대칭성을 확보하기 위해 결심 주기OODA를 단축하기 위한 노력에 선택과 집중을 해야 한다. 무엇보다 중요한 것은 언제 어디서든 간단없이 운용할 수 있는 C4I 체계 구축이다. 한반도 작전전구KTO 작전 환경을 고려할 때 지상 통신의 제약을 극복하기 위해서는 위성통신 활용이 필수다. 이와 함께 합동성 제고를 위해

---

48) 라스푸티차(러시아어: распутица, 영어: rasputitsa)는 비나 눈의 융해로 진흙이 생겨 겨울이 되기 전 비포장도로에서 해빙기 여행을 하기가 어려워지는데, 이렇게 1년에 두 번, 즉 봄과 가을에 볼 수 있는 동토(凍土)가 녹아 진창이 변하는 현상의 러시아어 용어이다. 러시아·우크라이나·벨라루스 등지에서 주로 나타난다.

육·해·공군이 각각 운용하고 있는 C4I 체계의 상호 운용성을 높이기 위한 노력이 지속되어야 한다.[49] 또한, 연합작전 차원에서는 한미뿐 아니라, UN 전력 제공국과의 C4I 체계까지 상호 운용성을 높이기 위한 노력이 필요하다.

그리고 북한의 기습 공격을 무력화시킬 수 있도록 다양한 대책을 강구하여 시간의 비대칭성을 높여야 한다. 이를 위해 북한군의 기습 공격 징후를 사전에 파악하고 대응하기 위한 감시정찰ISR 자산 확보는 필수다. 현재 주한미군 자산에 의존하고 있는 ISR 자산을 한국군이 확보하는 것은 전시작전 통제권 전환의 핵심 조건이 되어야 할 것이다.

공간의 비대칭성 측면에서 볼 때, 러시아에 비해 우크라이나는 인지 영역뿐 아니라 사이버 영역, 우주 영역과 교차 영역까지 상대적으로 비대칭성의 우위를 확보하는 데 성공했다. 우크라이나가 다윗처럼 영리하게 싸울 수 있게 한 원동력이 우주·사이버 영역에서의 비대칭성 창출이었다.

2014년 돈바스 전쟁에서 총선 전 투표 시스템 해킹, 각종 사회기반 시설에 대한 사이버전으로 큰 효과를 거둔 러시아군은 이번 전쟁에서도 사이버전을 통한 가짜 깃발 작전[50]으로 침략 명분을 날조하고

---

49) 박헌규는 "상호 운용성의 중요성은 걸프전쟁을 통한 교훈에서 각 군 간 상호 운용성의 보장이 전투력 우위의 핵심적 요소라고 강조된 바 있다"라고 언급하면서, "상호 운용성이 전제되지 않은 무기체계와 다른 체계 간의 연동은 상당히 어려우며 체계 간 연동되지 않으면 네트워크를 통한 정보 공유는 실현되지 않는다"라고 각 군 간 상호 운용성을 강조한다. 박헌규, "합참의 NCW 구현을 위한 상호 운용성 업무 추진 방향," 『합참』(제32호, 2007), pp.41~42.

50) 가짜 깃발 작전은 히틀러의 독일국방군이 체코와 오스트리아를 침공한 것이 전형이다.

자 했다. 그러나 이코노미스트지에서 "러시아의 사이버 공격은 실패했다"라고 평가할 정도로 그 효과는 미미했다.[51]

우크라이나와 서방 지원 세력이 돈바스 전쟁에서의 사이버전 실패를 교훈 삼고 이후 8년간 축적한 학습 효과를 통해 러시아의 전쟁 이전 또는 초전의 사이버전 의도를 파악하고 철저하게 대비했기 때문이다. 특히 초연결된 서방 세계의 빅테크와 유기적으로 구축한 사이버 방어벽을 러시아는 뚫지 못했다. 앞으로도 사이버 공간이 살아 있는 한 우크라이나 국민은 정상적으로 작동되는 우크라이나 정부와 군을 신뢰하면서 저항을 계속할 것이다.

우크라이나는 사이버 영역뿐 아니라 우주 영역까지 효과적으로 활용했다. 일론 머스크의 스타링크 및 델타 시스템을 통한 각종 인터넷 및 위성통신 지원을 받아 이를 적시 적절하게 활용하여 작전 효과를 증대시킬 수 있었다. 제이 레이먼드 미국 우주군 사령관은 영국 BBC 방송과 인터뷰에서 우크라이나 전쟁을 가리켜 "우주 공간에서의 능력이 실제 전장의 승패를 가를 정도로 중요 역할을 한 최초의 전쟁"이라고 평가하기도 했다.[52]

---

16세기 카리브해 일대 해적들이 적국 또는 중립국 깃발을 달고 적선 가까이 접근한 후 기습공격을 하는 기만술에서 유래했으며, 19세기 이후에는 정식 군사작전의 형태에 포함되었다. 20세기 들어서부터는 적군 깃발을 달고 아군 철도 및 도로를 기습하여 전쟁 명분을 날조하는 전략으로 사용 중이다. 청일전쟁 시 일본군이 여순 공격 시 함정에 미군 깃발을 달고 들어가 일본기로 변경한 사례도 있다.

51) Cyber-attacks on Ukraine are conspicuous by their absence, 『The Economist』, https://www.economist.com/europe/2022/03/01/cyber-attacks-on-ukraine-are-conspicuous-by-their-absence (검색일: 2022.4.8.)

52) [영상] '우크라 전쟁'이라 쓰고 '우주 전쟁'이라 읽는다, 『헤럴드 경제』, 2022.10.8. https://n.news.naver.com/article/016/0002050406?sid=104 (검색일: 2022.10.9.)

지상·해양·공중 영역뿐 아니라 우주·사이버 전자기 스펙트럼·인지 영역까지 확장된 전장 영역은 다영역 작전 수행 능력을 확보해 나가고 있는 한국군에게 기회 요인임이 틀림없다. 이번 러·우 전쟁은 우주·사이버 영역에 기반한 다영역 작전을 효과적으로 수행해야 북한과 주변국의 다중 복합 위협을 동시에 대응할 수 있다는 것을 시사한다.

한미동맹, UN 전력 제공국, 빅테크의 우주와 사이버 자산은 한국군의 작전 수행 능력을 극대화시켜 줄 것이다. 이번 전쟁은 민군 자산 융합의 시너지 효과, UN 전력 제공국을 비롯한 서방 세계의 지원 자산과의 시너지 효과가 얼마나 중요한지를 우리에게 알려 주기 때문이다.

이러한 시너지 효과를 극대화하기 위해서는 평상시부터 무기나 장비의 상호 호환성을 높이는 하드웨어적인 노력과 함께 연습과 훈련을 반복하며 효율적인 임무 수행 시스템을 갖춰 나가는 소프트웨어적인 노력이 병행되어야 할 것이다.[53]

지금까지 비대칭성 창출 4대 핵심 요인으로 분석한 우크라이나의 군사혁신 내용을 정리하면 아래 <표 4-2>와 같다.

---

53) 송태은 국립외교원 교수는, 우크라이나도 서방과 다양한 협력과 군사훈련을 통해 실질적인 전쟁 수행 역량을 갖춰 왔다고 다음과 같이 강조한다. "우크라이나는 전쟁 전 시기 러시아發 정보심리전 공격에 대한 대응에 있어서 이미 서방과 다양한 협력을 이어오고 있었다. 특히 2020년 1월 말 우크라이나의 PSYOP 팀은 독일의 합동다국적대응센터(Joint Multinational Readiness Center)에서 진행되는 군사훈련인 'Combined Resolve ⅩⅢ'에 참여한 바 있다" 송태은, 앞의 책(IFANS 주요 국제문제 분석 2022-12), p.17.

| 핵심 요인 | 주요 내용 |
|---|---|
| 수단·주체의<br>비대칭성 | • 서방의 첨단 무기와 우크라이나 보유 재래식 무기를 융·복합하여 High-Low Mix 개념으로 최적화된 수단 활용<br>• 기동형 전자전 장비 최대 활용으로 적 장비 무력화<br>• 민간 IT 부대, 남녀노소 등 국가적 주체 최대 활용<br>• 서방 민주 진영의 우호 세력, 테슬라 및 MS 등 빅테크 등 전지구적 주체 최대 활용 |
| 인지의<br>비대칭성 | • SNS, 보도 매체 활용 국민들의 항전 의지 및 사기 고양<br>• SNS, 보도 매체 활용 세계 우호 여론 조성<br>• 젤렌스키 대통령의 진두지휘 전장 리더십 발휘 |
| 전략·전술의<br>비대칭성 | • 교육훈련 혁신과 임무형 지휘에 기초하여 상황에 기민하게 반응하는 적응형 전략·전술 구사<br>• 실시간 소규모 분산 전투 수행 |
| 시·공간의<br>비대칭성 | • 위성통신, C4I 체계를 활용, 소규모 분산 전투를 통한 OODA(결심 주기) 단축<br>  * 스타링크, 델타시스템 활용<br>• 우주·사이버 전자기 스펙트럼·인지 영역 등 새로운 전장 영역 최대 활용 |

# 제3절 중국의 군사혁신

## 1. 개 요

2010년 이후 GDP에서 일본을 추월하면서부터 급부상한 중국은 미·중 간 경쟁과 갈등을 심화시키고 있으며 국제정치학자들은 이를 '미·중 신냉전' 또는 '냉전 2.0'이라고 부른다. 미·중 간 패권 경쟁이

노골화되고 있다는 거다. 우리는 이러한 패권 경쟁이 한반도에 미치는 영향이 적지 않다는데 주목할 필요가 있다. 미·중 패권 경쟁의 심화가 한반도 안보 지형의 균열을 초래할 가능성에 대해 주목하고 대비해야 한다.

미·중의 군사적 충돌 가능성은 중국의 전면적 군사 현대화, 군사혁신에 의해 증폭되고 있다. 중국군은 1차 걸프전쟁 이전까지는 보잘것 없는 군대였는데, 걸프전쟁에서 보여 준 미군의 첨단과학기술에 기반한 첨단 군사력에 크게 자극을 받아 군사혁신을 단행하며 현대화 전력을 증강하고 있다. 군 간부의 4화연소화, 지식화, 전문화, 혁명화를 통한 군 현대화를 진행 중이다. 2020년대 후반이 되면 중국군이 인도 태평양 지역에서 미국의 군사적 패권 지위를 위협할 수 있다는 미국의 평가가 나올 정도로 가속도가 붙고 있다.

"중국 건국 100주년인 2049년까지 중화민족의 위대한 부흥을 이뤄내겠다."라는 중국몽中國夢은 중국군을 세계 일류 강군으로 만들겠다는 강군몽强軍夢을 핵심 요소로 하고 있다.[54]

중국은 21세기에 들어서면서부터 '경제대국'뿐 아니라 '군사대국'으로의 탈바꿈을 본격화하기 시작했다. 중국 지도부가 추진하는 '중화민족의 위대한 부흥中華民族偉大復興'은 과거 그들이 수천 년간 누려왔던 '강대국great power' 지위의 회복을 의미한다. 그리고 그것은 '부국강병富國强兵'의 길을 통해서만 달성될 수 있는 것이다. 그 때문에 시진핑習近平은 '강군몽强軍夢'을 추진하고 있으며, 중국으로서는 당

---

54) 차정미, "4차 산업혁명 시대 중국의 군사혁신 연구: 군사 지능화와 군민 융합(CMI) 강화를 중심으로," 『국가안보와 전략』(제20권 1호, 2020), p.40.

분간 끊임없이 '군사 대국화'에 매진할 수밖에 없다. 그런 점에서 20세기의 후반기가 '경제 영역'에서 중국의 부상이 가시화된 시기였다면, 21세기의 전반기는 세계가 '군사 영역'에서 중국의 부상에 경악하는 시기가 될 것이다.[55]

중국군은 1991년 걸프전쟁 이전까지 나름대로의 현대화 추진 노력에도 불구하고 전근대적 수준에 머물러 있었다. 1979년 베트남 침공 실패로 제기된 '현대적 조건하의 인민전쟁'과 1985년 소련 위협의 약화로 등장한 '국부전쟁' 교리는 근본적으로 현대전에서 '기술'의 중요성에 대한 인정과 함께 국부전이라는 새로운 형태의 전쟁에 대비하기 위한 군 현대화를 요구하고 있었다. 1983년 군구조 개편 및 1985년에서 1987년 사이 '100만 명의 병력 감축' 등의 군 개혁 노력은 이와 같은 군을 현대화하려는 의지를 반영한 것이었다. 그러나 당시 중국군 지도부는 새로운 교리에 대한 인식이 부족하였으며, 군은 정부의 경제 우선 정책으로 인해 현대화에 필요한 충분한 재정적 지원을 받지 못함으로써 과거 인민전쟁의 굴레에서 벗어나지 못하고 있었다.[56]

이런 맥락에서 뉴마이어 Jacqueline Newmyer는 중국의 군사전략가들이 군사혁신을 전략적 기회로 인식하고 있다는 점을 지적한다.[57]

---

55) 박병광, 『중국인민해방군 현대화에 관한 연구』,(서울: 사단법인 국가안보전략연구원, 2019), pp.13~14.

56) 박창희, "중국인민해방군의 군사혁신(RMA)과 군 현대화," 『국방연구』(제50권 제1호, 2007), p.84.

57) Jacqueline Newmyer, "The Revolution in Military Affairs with Chinese Characteristics," *The Journal of Strategic Studies 33-4*(August 2010).

또한, 그는 중국의 군사혁신 수용을 중국 고유의 첩보와 정보 intelligence를 중시해 온 군사 문화의 관점에서 분석한다. 즉 뉴마이어는 중국 군사전략가들이 비대칭성 기반의 군사혁신을 통해 확보한 전쟁 수행 능력이 중국의 고유한 이점을 강화한 것일 뿐만 아니라 미국과 중국 사이에 존재하는 재래식 및 첨단 전력의 불균형을 상당 부분 상쇄해 줄 수 있는 새로운 전략적 기회로 인식되고 있다고 주장한다.[58]

걸프전쟁에서 보인 미국의 군사행동을 통해 중국은 군사혁신의 위력을 명확히 인식하고 군사혁신을 추진하였다.[59] 중국의 군사전략가들은 자신들과 같은 소련제 무기를 사용하는 이라크군이 미국의 혁명적 무기들과 새로운 전략, 전술 앞에서 맥없이 무너지는 것을 보면서 큰 충격을 받았다. 중국이 1990년대 초 인민해방군의 군사전략으로 채택한 '첨단기술 조건하 국부전쟁전략尖端技術條件下 局部戰爭戰略'은 명백하게 미국이 이룩한 군사혁신을 염두에 두고 작성된 것으로 평가된다. 또한, 중국 군사전략가들의 군사혁신에 대한 인식은 미국 측 전문가들의 인식과 거의 유사한 것으로 평가되기도 한다.[60]

21세기 들어오면서 중국은 서구에서 진행되고 있는 군사혁신이 자

---

58) 설인효, "군사혁신(RMA)의 전파와 미중 군사혁신 경쟁: 19세기 후반 프러시아-독일 모델의 전파와 21세기 동북아 군사질서," 『國際政治論叢』(제52집 3호, 2012), p.162.

59) Jacqueline Newmyer, "The Revolution in Military Affairs with Chinese Characteristics," The Journal of Strategic Studies 33-4(August 2010), p.494. Jagannath P. Panda, "Debating China's 'RMA-Driven Military Modernization': Implication for India" Strategic Analysis Volume 33 2009-Issue 2, p.287.

60) Jason Kelly, "A Chinese Revolution in Military Affairs?" Yale Journal of International Affairs (Winter/Spring, 2006), p.59. 설인효, 앞의 논문, p.160에서 재인용.

국의 안보에 중대한 영향을 미칠 것으로 인식하고,[61] 최고 지도자들이 군사혁신을 더욱 본격적으로 요구하기 시작했다.[62]

특히 시진핑 체제에 들어 중국은 21세기 중반 세계 일류 강국이 되겠다는 중화민족의 위대한 부흥을 꿈꾸며, 강한 군대를 중국몽 실현의 핵심 요소로 내세우고 있다.[63] 중국몽中國夢과 함께 세계 일류 강군을 육성하겠다는 강군몽强軍夢을 강조하고 있는 것이다.[64]

시진핑은 2017년 19차 당대회에서 2020년까지 인민해방군이 기계화와 정보화로 군사력을 제고하고, 2035년까지 인민해방군의 현대화를 완성하며, 2050년까지 세계 일류의 강한 군대를 만든다는 강군몽 달성의 계획을 밝힌 바 있다. 시진핑은 또한 "전쟁을 계획하고 지휘할 때는 과학과 기술이 전쟁에 미치는 영향에 세심한 주의를 기울여야 한다"라고 지적하고, "과학기술 발전과 혁신이 전쟁과 전투 방식에 중대한 변화를 가져올 것"이라고 강조한 바 있다.[65] 과학기술 발전에 따른 전쟁, 전투 방식의 변화에 주목하고 이를 기반으로 중국의 강군몽을 실현해야 한다는 것이다.

이러한 시진핑 시대의 강군몽, 중국 특색의 군사혁신은 3대 원칙

---

61) 박창희, "중국인민해방군의 군사혁신(RMA)과 군 현대화," 『국방연구』(제50권 제1호, 2007), p.82.

62) 박창희(2007), p.37.

63) 차정미, "4차 산업혁명 시대 중국의 군사혁신 연구: 군사 지능화와 군민 융합(CMI) 강화를 중심으로," 『국가안보와 전략』(제20권 1호, 2020), p.40.

64) 차정미, "시진핑 시대 중국의 군사혁신 연구: 육군의 군사혁신 전략을 중심으로," 『국제정치논총』(제61집 1호, 2021), p.75.

65) 李风雷, 卢昊, 等 智能化战争与无人系统技术的发展 https://www.sohu.com/a/271200117_358040 (검색일 : 2020.8.31.) 차정미(2021), p.82에서 재인용.

에 따라 체계적으로 추진되고 있다. 시진핑은 2012년 중국공산당 중앙위원회 총서기 겸 중앙군사위원회 주석직을 맡은 후에 곧바로 '국방과 군대 개혁'을 추진하기 위한 3대 원칙인 군위관총軍委管總, 전구주전戰區主戰, 군종주건軍種主建을 내세웠다.[66]

먼저, 군위관총은 중앙군사위원회 주석 책임제를 의미한다. 즉 군위관총은 시진핑 중앙군사위원회의 영도지휘권領導指揮權을 강화하려는 구체적인 표현이다. 즉 중앙군사위원회를 강화하기 위하여 군대 최고 영도권과 지휘권을 중앙군사위원회에 집중시켰고, 영도관리체제領導管理體制[67]와 합동작전지휘체제聯合作戰指揮體制를 통합 설계하고, 군사위원회 총부체제總部體制를 조정하여 군사위원회 다부문제多部門制를 실행했다.[68]

다음으로 전구주전은 전구로 구획을 조정하고 전구 중심으로 전역 작전체제를 혁신하는 것을 말한다. 정치적으로 각 전구는 당의 지휘를 따라야 하고, 군대에 대한 당의 절대 영도를 견지하고, 정치건군의 원칙을 견지해야 한다. 군사적으로 각 전구는 합동작전의 효율을 높이고 군사위원회가 부여한 지휘권을 실행해야 한다. 전시와 평시의 일체화, 상시적 운영, 전문 기구의 주관, 고급 간부 정예화의 요구에 따라 지휘 능력을 향상시키고 지휘 관계를 바로잡으며, 합동 지휘, 합동 행동, 합동 보장을 강화하고, 부대를 견고하게 조직하여 일

66) 이창형, 『중국인민해방군』(강원도 홍천군: GDC Media, 2021), p.104.
67) 영도관리체제는 전투력 건설 등 군정(軍政)을 의미하며 작전지휘체제는 작전수행 등 군령(軍令)을 의미한다. 국방정보본부, 『2019년 중국 국방백서 신시대의 중국국방(新時代的中國國防)』(서울: 국군인쇄창 재경지원반, 2019), p.21.
68) 이창형, 앞의 책, pp.104~105.

상적인 전투 준비와 군사행동을 완수해야 한다.[69]

군종주건은 각 군 단위로 군사력을 건설한다는 것을 의미한다. 전구주전과 군종주건은 연관된 것으로 모두가 강군을 전제로 하는 군사혁신이다. 전구주전과 군종주건은 상호 결합을 촉진하고, 미래 작전 요구에 부응하는 부대를 건설하는 것이다. 전구와 군종 간의 영도 지휘체제에 관련된 법률 개혁과 개선을 통하여 양자 간의 관계를 분명히 하고, 양자의 협력을 촉진하는 것이다. 이러한 맥락에서 육군의 군종을 독립하고 별도의 육군 영도 기구인 육군사령부를 설립하고, 각 전구를 중앙군사위원회에서 직접 지원하고 통제하는 전략지원부대와 합동후근보장부대[70]를 창설했다.[71]

중국군은 이러한 3대 원칙에 따라 중국 특색의 군사혁신을 체계적으로 추진하고 있다. 즉 중국의 강군몽 비전은 전력체계, 작전운용개념戰法, 구조·편성을 새로운 시대에 부합하는 방향으로 혁신현대화하고자 하는 중국 특색의 군사혁신을 본격적으로 구체화하고 있다.[72]

---

69) 이창형, 위의 책, pp.108~109.

70) 합동후근보장부대는 합동군수지원부대를 의미한다.

71) 이창형, 앞의 책, pp.116~123.

72) 차정미, 앞의 논문(2021), p.82.

## 2. 비대칭성 창출의 핵심 요인별 분석

1990년대부터 미국의 약점을 활용하고, 미국의 우세를 약화시키기 위해 비대칭성을 발전시키는데 집중하여 온 중국인민해방군<sup>이하</sup>중국군은 기술의 진보로 촉진되는 군사혁신 과정의 우위를 확보하여 미국과 동등할 뿐 아니라 능가하기를 열망하고 있다.[73] 이렇게 미·중 간 전략적 경쟁 속에서 중국은 미국의 약점, 특히 가장 취약한 급소를 지향하는 비대칭성 기반의 군사혁신을 추진하고 있는 모습을 비대칭성 창출의 4대 핵심 요인별로 분석하면 다음과 같다.

### 가. 수단·주체의 비대칭성

수단의 비대칭성을 극대화하기 위해 시진핑은 인공지능과 무인화 기술에 주목하고 군사 지능화와 무인화에 집중하고 있다.

먼저 시진핑 시대 비대칭성 기반의 군사혁신의 동력 중 하나가 4차 산업혁명 시대 인공지능 등 첨단과학기술의 부상이다. 인공지능 분야에서 미국과 선두를 겨룰 정도로 성장한 중국의 기술력은 중국 특색의 비대칭성 기반의 군사혁신을 추진하는 주요한 동력으로 작용하고 있다.

중국은 인공지능이 미래 전쟁의 결정적 요소라는 인식하에 중국군 현대화 핵심 과제로 규정하고, 인공지능 경쟁에서 승리하기 위해 주력하고 있다. 중국의 군사 분야 연구자들과 전문가들은 미래 전쟁

---

73) Elsa B. Kania, "Chinese Military Innovation in Artificial Intelligence," *Center for New American Security*, June 7, 2019, p.1.

이 지능형 전쟁이 될 것이며, 무인 시스템이 미래 전쟁의 주력이 될 것이라는데 인식을 같이하고 있는 것이다.[74]

19차 당대회에서 시진핑이 군사 지능화의 가속화와 정보통신체계에 기반한 전투력의 제고를 강조한 바와 같이 중국 강군몽은 군사 지능화軍事智能化를 핵심 담론으로 하고 있다. 한편, 강군몽 추진의 핵심은 군민 융합Civil-Military Integration, CMI으로, 중국공산당은 2017년 시진핑을 위원장으로 하는 군민융합발전위원회中央军民融合发展委员会를 설치하여, 중국 군사혁신 실현을 위한 민군 협력을 강화해가고 있다. 5G, 인공지능, 양자컴퓨터, 드론 등 4차 산업혁명 시대 핵심 분야에서 중국 기술력이 급속히 부상하는 상황은 중국이 지능화, 정보화, 자동화, 무인화라는 군사혁신을 추구하면서 이를 위한 민군 협력 강화를 가속화하는 주요한 배경이라고 할 수 있다.[75]

2019년 7월에 발표된 중국국방백서에서도 "새로운 과학기술 혁명과 산업 분야 변혁으로 인공지능, 양자 정보, 빅데이터, 클라우드컴퓨팅, 사물인터넷 등 첨단과학기술은 군사 분야 적용을 가속화하고 국제 군사경쟁 구도에 역사적인 변화를 일으키고 있다. 정보 기술을 핵심으로 한 군사 첨단기술이 나날이 발전하는 가운데, 무기 장비의 원격 정밀화·지능화·스텔스화·무인화 추세가 뚜렷해지고 전쟁 양상이 정보화 전쟁으로의 전환을 가속화함에 따라 지능화 전쟁의 초기

---

74) 李风雷, 卢昊, 等, "智能化战争与无人系统技术的发展" 无人系统技术, 2018.10.25. https://www.sohu.com/a/271200117_358040 (검색일 : 2020.9.11.) 차정미(2021), p.86에서 재인용.
75) 차정미, 앞의 논문(2020), p.40.

단계로 진입하고 있다"라고 강조하고 있다.[76]

특히 중국 육군은 '현대화된 신형 육군'을 모토로 군사혁신을 가속화하고 있으며, 현대화된 신형 육군의 목표는 과학기술을 활용한 군사정보화와 지능화를 핵심으로 하고 있다. 미국 등 주요 선진국들이 인공지능을 활용한 지능화 작전을 적극적으로 추진하고 있는 것과 관련하여 이를 추월하기 위한 작전운용개념戰法을 발전시키고, 지능화된 지휘 및 통제 시스템을 구축하며 지능화된 전력체계에 대한 개발을 가속화해야 한다고 인식하고 있다. 여전히 기계화 수준도 세계 군사 강국들과 비교하여 뒤처져 있고, 드론 등의 부상으로 전통적인 육군의 전력 보장에 대한 위협이 높은 상황에서 중국 육군은 기술의 급격한 발전과 전쟁 양상의 변화를 빠르게 수용하여 선진국과의 격차를 줄이고 새로운 전쟁 양상에 부합하는 전력을 갖추기 위해 지능화 전력체계 혁신을 추진하고 있는 것이다.[77]

특히 인공지능, 드론 등 4차 산업혁명 시대 핵심 기술을 군사 분야에 적극적으로 적용하고, 이러한 핵심 기술을 장착한 신형 무기들을 빠르게 실전 훈련에 배치함으로써 전력체계 발전의 가속화를 추구하고 있다. 드론과 무인 전차 등 첨단 무기체계와 통합하면서 육군의 전역 기동화, 통합화 전력을 강화하고 있다.[78]

---

76) 국방정보본부, 『2019년 중국 국방백서 신시대의 중국국방(新時代的中國國防)』(서울: 국군인쇄창 재경지원반, 2019), p.6.

77) 차정미, 앞의 논문(2021), pp.96~97.

78) 中国军网综合, "陆军贯彻转型建设要求奋进新时代纪实," 2019.3.18. http://www.81.cn/jmywyl/2019-03/18/content_9451794.htm (검색일:2022.9.11.) 차정미, 앞의 논문(2021), p.100에서 재인용.

다음으로 중국이 수단의 비대칭성을 극대화하기 위해 집중하고 있는 분야가 무인화이다. 한국군 '국방비전 2050'과 '육군비전 2050수정1호'에서도 강조하듯, 미래 전쟁은 유·무인 복합 전투체계, 더 나아가 무인체계 중심의 전장에서 싸우게 될 것이다. 즉 무인 장비의 사용이 광범위해지는 것이 미래 전쟁의 핵심이고, 무인화는 세계 주요국들이 전장에서 본격적으로 도입하고 있는 주요한 전력체계 혁신의 방향이다. 중국도 지능화와 함께 무인화 전력체계 혁신에 주력하고 있다. 중국은 가까운 장래에 무수한 무인기가 전장에서 활약하여 '무인군'이 미래 전쟁을 장악하고, 복잡하고 위험이 높은 어려운 전술을 무인 로봇으로 대체할 수 있을 것으로 전망하고 있다.[79] '적은 사상자', '사상자 제로'를 만드는 것이 새로운 형태의 육군이 추구하는 작전이고, 이러한 목표를 달성하려면 무인 전력체계를 개발해야 하는 것이다.[80]

특히 육군 전력체계의 비행 분야는 무인화 혁신의 핵심이다. 드론은 한국군 육군의 '5대 게임 체인저'[81]처럼 중국 육군이 정찰과 타격을 통합하는 데 주요한 무기이다. 중국은 이미 무인기와 탱크를 일체화하는 '드론장갑통합작전체계' 구축에 집중하고 있다.[82]

---

79) 新浪网, "中国首款无人作战平台曝光！中国陆军的进攻将是机器人钢铁洪流." 2020.09.02. https://k.sina.cn/article_1183596331_468c3f2b00100tm8b.htmi (검색일: 2022.9.11.), 차정미, 앞의 논문(2021), p.100에서 재인용.

80) 차정미, 앞의 논문(2021), p.100.

81) 대한민국 육군은 '육군 비전 2030'에서 미래 전쟁의 판도를 바꿀 5대 게임 체인저로, ① 전천후·고위력·고정밀 미사일, ② 전략기동군단, ③ 특수임무여단, ④ 드론봇전투체계, ⑤ 워리어플랫폼 등을 제시하고 미래 전쟁을 선제적으로 대비하기 위해 전력화 중이다.

82) 山峰, "国产蜂群系统再次亮相, 坦克搭配无人机群, 致命缺陷被弥补," 2020.10.05.

중국은 또한 무인 지상 차량UGV 분야에 대한 대규모 투자로 미국 등 선진국들과의 격차를 좁혀 가고 있다. 2020년 4월 중국 동부전구는 원격제어 모드를 사용할 수 있는 신형 무인 전차 '루이과'를 육군 부대에 실전 배치했다고 공식 표명하였다. 중국 육군은 지능형 전장 시스템을 구축하기 위해 무인 지상 전차를 실전 훈련에 활용하고 있으며, 무인 시스템의 수준도 점차 고도화되면서 응용 프로그램이 점점 더 광범위해지고 있다. 중국의 무인 전차는 높은 인공지능 기능을 갖추면서 정보의 수집과 전달, 제병 협동 및 합동작전에서 효율적이고 신속한 전투 수행이 가능하도록 전력화되고 있다.[83]

전술적 수준에서는 무인 전투의 양상이 고도화되는 미래 전장의 특성에 맞추어 인공지능화된 다수의 무인 로봇에 의한 작전 수행 개념인 '자율군집소모전自律群集消耗戰' 등이 제시되고 있다. 자율군집소모전은 저비용으로 운용 가능한 다수의 자율로봇 군집체계를 분산식, 소모적으로 운용하여 항공모함, 전투기 등의 고비용·고가치 표적에 협조된 타격을 실시하여 제압하는 방식이다. 군집체계가 미래의 핵심적인 비대칭 전력으로 인식됨에 따라 중국군은 지상·해상·공중 전 영역에서 다양한 핵심 연구와 함께 현실화를 진행하고 있다. 또한, 군집로봇 자율제어의 핵심인 인프라의 통신망 및 위치·항법·타이밍PNT 기술의 도약적 진보를 위해 양자암호 통신위성묵자, 墨子과

---

https://new.qq.com/omn/20201005/20201005A02EQ900.html (검색일: 2022.9.11.), 차정미, 앞의 논문(2021), p.101에서 재인용.

83) CRS, "U.S. Ground Forces Robotics and Autonomous Systems (RAS) and Artificial Intelligence (AI):Considerations for Congress," Updated November 20, 2018.,pp.13~14.

제4장 비대칭성 기반의 군사혁신 사례 분석

제3절 중국의 군사혁신  169

5G의 통합 네트워크 구축을 추진하고 있다.[84]

이처럼 중국군은 지능형 무인체계가 전면에 배치될 미래 전쟁에서 군집로봇 체계swarm robotics를 핵심적인 전투 수단으로 간주하고 있으며[85], 인간-기계의 협업을 위한 과학기술과 운용 개념 개발의 필요성을 인식하고 있다.

주체의 비대칭성을 극대화하기 위해 중국군은 정규군뿐 아니라 준군사 및 민병대까지 전략적으로 활용하고 있다. 중국은 헌법에 징병제를 명시하고 있으나, 14억 명이나 되는 인구로 인해 실제는 모병제를 실시하고 있다. 중국군 총병력은 정규군이 200만 명 규모이며, 예비군은 80만 명 규모인데 가용 자원은 2억 명 정도라고 한다.

따라서 중국군의 군사력은 정규군과 준군사 및 민병대까지 군사력으로 판단해야 한다. 중국은 이들을 효율적으로 활용하기 위해 군의 상호 운용성과 통합을 강조한다.[86] 즉 육군, 해군, 공군, 로켓군, 전략지원부대 등의 5개 병종 체제인 정규군과 함께 준군사 조직인 인민무장경찰과 해경, 더 나아가 민병해상민병대, 사이버 민병[87]까지 중국의

---

84) 나호영·최근대, "인공지능에 기반한 중국의 군사혁신: 지능화군 건설을 중심으로," 『韓國軍事學論叢』(第76輯 第3券, 2020), p.107.

85) 나호영·최근대, 앞의 논문, p.99. 자연계의 군집 행동에서 착안한 '군집작전(群集作戰)'은 사물인터넷, 클라우드컴퓨팅 등의 지능화 기술이 탑재된 다수의 무인체계로 하여금 정보 및 의사결정 과정을 공유하여, 자율적으로 정밀한 편대를 형성하고, 최적화된 방향으로 분업하며, 다양한 임무를 동시에 수행하도록 운영하는 지능형 군사작전이다. 지능형 군집체계는 비교적 저비용으로 전술·작전·전략적 목표를 달성할 수 있으며, 정찰·재밍·수송·통신중계 등 다양한 분야에 활용될 수 있는 비대칭전 수행을 위한 지능화군의 핵심 전력으로 구상하고 있다.

86) 김호성, 『중국 국방 혁신』(서울: 매경출판(주), 2022), p.48.

87) 중국의 무장력 중 하나인 민병(民兵) 중에는 사이버 영역에서의 능력이 뛰어난 자원들로 구성된 사이버 민병도 존재한다. 이창형, 앞의 책, p.220.

상비 군사력으로 판단할 필요가 있다.

중국군의 정규군 중에서 비대칭성 극대화의 핵심은 로켓군과 전략지원부대이다. 로켓군은 핵 억제 및 반격 능력을 강화하면서 중장거리 정밀타격 능력과 전략적 억제 능력 강화에 매진하고 있다. 시진핑 주석이 2016년 9월 로켓군 사령부를 방문하여 전략적 억제 능력을 강조한 이후 로켓군은 장기 현대화 계획을 내실 있게 추진하였다. 그 결과로 기존 미사일을 개량하고 적대 국가의 미사일 방어 시스템을 돌파하는 수단을 개발하여 서태평양에서 대함 공격 능력을 가지게 되었다. 그 가운데 DF-21D는 사거리가 1,500km 이상으로 MaRVManeuver Reentry Vehicle: 기동식 재돌입 핵탄두 탄두를 장착하고 신속히 재장전할 수 있도록 개량하였다.

또한, IRBM급 DF-26은 서태평양과 인도양 그리고 남중국해 지역의 함정에 대한 타격이 가능하며, ICBM급 DF-31ACSS-10 Mod 2는 사거리가 11,200km이며 미 본토에 도달할 수 있다. 추가로 MIRVMultiple Independently targetable Reentry Vehicle: 다탄두 각개 목표 재진입 미사일 기능이 있는 이동식 ICBM급 DF-41은 2019년 10월 건국 70주년 기념 열병식에서 공개하였다.

또한, 중국 군사혁신의 게임 체인저[88]라고도 불리는 전략지원부대는 전구급 사이버시스템부와 우주시스템부로 구성되는 예하 사령부를 기반으로 전장 환경 보장, 정보통신 보장, 정보보안 보호, 신기술 시험 등 다양한 임무를 수행하며 시스템 통합과 군민 통합을 위하여

---

88) "우주·첩보·사이버군 통합, 중국군 살상력 일취월장", 『중앙일보』, 2018.1.14. https://www.joongang.co.kr/article/22283835#home (검색일: 2022.10.11..)

새로운 전투력 개발에 매진하고 있다. 먼저 사이버시스템부는 사이버전, 기술적 정찰, 전자전, 심리전을 담당한다. 다음으로 우주시스템부는 인민해방군의 우주작전의 영역인 우주비행체 발사 및 지원, 우주정보지원, 우주계기신호 추적 및 우주전을 담당한다. 이와 관련하여 2018년에 38개의 위성발사체 SLV를 발사하였으며, 전자기파 환경에서 작전적 지원 능력과 합동작전을 개선하기 위하여 육군 및 공군과 합동훈련을 하고 있다.[89]

기타 합동후근보장부대는 인민해방군에 대한 간단없는 군수 지원을 보장하기 위하여 창설되었으며 2018년에 전구급 사령부로 격상되었고, 민간이 통제하는 선박과 트럭 등을 군사작전과 훈련에 통합하고 있다.

김태우는 중국 군사력을 분석할 때, 인민해방군이 공산당의 군대[90]라는 점에 주목해야 한다고 강조한다. "중국은 공식적으로 육군, 해군, 공군, 로켓군, 전략지원부대[91] 등 5개 병종이라고 밝히고 있다. 하지만 중국 공산당 중앙군사위원회 통제를 받아 소수민족 분리주의자 탄압의 첨병 역할을 하고 유사시 군사력으로 활용하는 준군사조

---

89) 전략 조직으로서 전략지원부대는 중앙군사위원회에 직접 종속되지만, 전시에는 각 전구 합동사령부에 보고할 수 있다. 그래서 전략지원부대는 가능하다면 국가 전략 합동 훈련에 포함해 중국 전역에서 합동 연습 및 훈련에 참여한다. 예를 들어, 2019년과 2020년에 지휘소를 설립하고, 전구 합동사령부에 합동 통신을 제공하는 능력을 시연하고 평가했다. 김호성, 앞의 책, p.48.

90) 마르크스-레닌주의에서는 "국가 휘하의 군대는 부르주아와 봉건 압제자의 입맛에 맞는 탄압의 도구에 속한다"라는 칼 마르크스의 오랜 이론에 근거하여, "인민에 의해 자발적으로 조직된 집단"이라는 해석을 적용하여 당군을 지향한다.

91) 중국군 전략지원부대는 인민해방군의 군사 개혁에 따라 2015년 12월 31일에 창설된 지원부대이다. 전략지원부대의 창설로 인민해방군은 5개의 독립 병종 체제가 되었다.

직인 인민무장경찰과 최근 법을 개정해 무기를 사용할 수 있어 주변 국 해군을 위협할 수 있는 '해경'은 중국의 6, 7번째 병종으로 간주하고 대비해야 한다. 더 나아가 중국 팽창주의의 첨병 역할을 하는 어선단인 해상민병대까지 대비할 필요성도 있다. 만약 중국이 서해 내해화 시도를 위한 도서 강점을 시도한다고 상정할 때, 해경과 해상민병대까지 활용하리라는 것은 불문가지不問可知다."[92]

실제 인민해방군 현대화를 통해 인민해방군과 준군사부대 간 상호 운용성이 증가하였다고 주장하는 전문가도 있다. "2017년부터 당 중앙군사위원회가 무장경찰부대를, 무장경찰부대는 해양경찰부대를 통제하도록 지휘체계를 일원화했다. 이에 따라 해군은 연안경비부대, 해양경찰부대와 협조하면서 해양 영역에서 권익 수호를 위하여 공동으로 노력하는 기반이 만들어졌다"는 것이다.[93]

궁극적으로 정규군과 준군사부대와의 상호 운용성을 증대시킴으로써 수단·주체의 비대칭성 효과 극대화를 추구하고 있다고 볼 수 있다.

### 나. 인지의 비대칭성

인지의 비대칭성은 인지 영역에서의 우세, 인지 우세권制腦權 달성에 의해 좌우되는데, 이는 인지 우세권을 추구하는 지능화전의 전승 메커니즘의 특징 중 하나다. 중국군은 인지적 대립이 만연한 미래의

---

92) 김태우 前 건양대 교수(前 통일연구원장)가, 건양대 일반대학원 군사학 박사과정 '동북아 안보론' 강의(2021.3.21.) 시간에 강조한 내용이다.
93) 이흥석, "중국 강군몽 추진 동향과 전략," 『중소연구』(제44권 제2호, 2020), pp.69~70.

전쟁에서 아군의 인지 능력을 극대화하고 적의 인지 영역을 공격하여 물리적 전쟁 이전에 적의 전투 능력과 의지를 말살시켜 아군의 의지대로 적을 통제하는 '부전이굴인지병不戰而屈人之兵'을 구현하는 것이 미래 전쟁에서 승리를 담보하는 메커니즘으로 보고 있다.[94] 즉 중국군은 인지의 비대칭성 극대화를 미래 전쟁의 전승 메커니즘의 핵심으로 평가하고 있다.[95]

이러한 맥락에서 전략조직으로서 중국군 전략지원부대의 사이버시스템부는 인지의 비대칭성 창출을 총괄적으로 담당한다. 여기에는 사이버전, 기술 정찰, 전자전 및 심리전이 망라되어 있다. 2015년 흩어져 있던 조직 및 임무 구조에서 정보 공유에 대한 문제점을 해결하기 위해 조직을 통합했다. 사이버시스템부는 여러 기술 정찰기지, 신호 정보국, 연구기관 등을 운영한다. 다양한 지상 기반 기술 수집 자산을 활용해 지리적으로 분산된 작전부대에 공통 정보를 제공하고 있다.[96] 특히 여기에 소속된 것으로 추정되는 311기지는 대만에 대하여 3전심리전·여론전·법률전을 수행하는 유일하게 대외적으로 알려진 부서인데[97], 관련 역할을 고려할 때 인지의 비대칭성을 창출하는 핵심적 역할을 수행하는 조직이라고 볼 수 있다. 대만뿐 아니라 대상국이

---

94) 나호영·최근대, 앞의 논문, pp.99~100.

95) 미래 전쟁은 인지의 우세를 달성하기 위한 투쟁이라는 것이 중국군의 시각이다. 따라서 화력·기동력·정보력으로 대표되는 현세대 전쟁 승리의 메커니즘이 '지능력(智能力)'으로 전환되고, 지능화 역량의 우월이 인지의 우세를 결정짓는 요소로 작용하게 되어 '지능 우세권(制智權)'의 확보가 불가피할 것으로 보고 있다. 나호영·최근대, 앞의 논문, p.100.

96) 김호성, 앞의 책, p.88.

97) 이창형, 앞의 책, p.218.

달라지면 어떤 조직을 활용해서 이러한 역할을 하는지 분석하여 대비할 필요가 있다.

전략지원부대는 여러 대학교와 구 총참모부 56 및 57 연구기관을 포함해 학술 및 연구기관도 운영하고 있다. 이 기관은 우주 기반 감시, 정보, 무기 발사 및 조기 경보, 통신 및 정보공학, 암호학, 빅데이터, 정보 공격 및 방어 기술 프로그램을 수행하며 인지의 비대칭성을 극대화하고 있다고 평가할 수 있다.[98] 또한, 여기서 주목할 점은, 중국의 네트워크전이 인지의 비대칭성을 극대화하는 것과 연결되어 있다는 것이다. 즉 중국의 네트워크전은 C4ISR 합동지휘통제체계를 수립할 뿐만 아니라 적시에 심리전 행위와 융·복합하여, 인지의 비대칭성을 극대화한 부전이굴인지병不戰而屈人之兵, 싸우지 않고 이기는의 효과를 달성하고자 한다.[99]

그리고 이러한 인지의 비대칭성을 극대화하는 데는 시진핑의 과학기술 리더십이 근간이 되고 있다는 것을 지적하지 않을 수 없다. 시진핑은 집권 초기부터 첨단과학기술을 국가 성장 동력으로 활용하기 위해 중국과학원CAS을 세계적인 연구기관으로 발전시키려고 노력해왔다. 특히 인공지능이나 양자컴퓨터 등 미래 사회를 선도할 핵심 분야에 집중적으로 투자해 왔고, 이러한 첨단과학기술을 인지전 수행, 인지의 비대칭성을 극대화하기 위해서도 적극적으로 활용하고 있는 것이다.[100]

---

98) 김호성, 앞의 책, p.86.

99) 이창형, 앞의 책, p.221.

100) 100)  시진핑, 과학기술 혁신 '양탄일성' 강조 - 미국 선거 이후 중국의 과학기술

## 다. 전략·전술의 비대칭성

중국의 국가전략은 '중화민족의 위대한 부흥'을 실현하는 것이다. 시진핑이 '중국몽中國夢'이라고 부르는 이 전략은 중국을 세계 무대에서 번영과 패권국의 위치로 회복하려는 국가적 열망이다. 중국 공산당 지도부는 국가 부흥이라는 목표를 일관되게 추구해 왔다. 그 속에서 기회를 포착하고 전략에 대한 위험을 관리하기 위해 실행에서 어느 정도 전략적 적응성을 보여 주었다.[101]

시진핑은 2014년 중국 공산당 간부들에게 "국가 통치 시스템과 역량의 현대화를 추진하는 것은 확실히 서구화나 자본주의가 아니다"라고 말했다. 그는 중국의 통치 체제 전반에 걸쳐 당의 우위를 강화하고 중국의 정치, 경제 및 사회 문제를 보다 효과적으로 관리함으로써 중국 전략을 발전시키려 한다. 중국 공산당의 제도적 역량을 강화하고 당의 전략적 역할을 수행하기 위한 수단으로 내부 단결을 강조하는 것은 시진핑 재임 기간의 두드러진 점이 되었다.[102]

중국군은 '후발주자의 이점later-comer's benefits' 전략을 통해 전략의 비대칭성을 추구했다. 중국의 군사혁신은 21세기 서구에서 진행되었던 군사혁신과 다른 양상으로 전개되었다. 기계화 과정을 거쳐 정보화를 추구했던 미국 등의 군사 선진국과 달리 기계화를 완성하지 못한 채 '반半 기계화' 단계에 머물러 있던 중국군은 기계화의 달

---

(상), 『The Science Times』, 2020.11.19.https://www.sciencetimes.co.kr/news/시진핑-과학기술-혁신-양탄일성-강조/ (검색일: 2022.9.9.)

101) 김호성, 앞의 책, pp.14~15.
102) 김호성, 위의 책, p.16.

성을 위한 노력과 더불어 '후발주자의 이점'을 살려 보편화되고 있는 정보기술의 신속한 군사화를 달성하려는 중국식 군사혁신 전략을 추구했다. 2003년 전국인민대표회의에서 장쩌민江澤民 당시 주석은 "첨단정보기술을 바탕으로 군의 정보화와 기계화를 동시에 이룩하여 국가의 안전을 보장하고 적의 침투·파괴에 대처해야 한다"고 강조하며 이른바 중국 특색의 군사혁신의 중요성을 피력하기도 했었다. 그 결과 정보감시정찰ISR 체계 구축, 우주전 역량 제고, 사이버·전자전 능력 구비, 항공모함 구축 등의 결실을 맺으면서 군사 강국으로 성장하는 발판을 마련하였다.

이처럼 중국군은 세계적인 군사혁신 추세를 선도하기보다 군사 선진국의 혁신적 변화에 따른 위협을 분석하고 변화하는 분쟁의 양상과 성격을 평가하면서 그에 대응하는 방향으로, 즉 후발주자의 이점을 극대화하는 전략의 비대칭성을 추구하면서 군사혁신을 추구해 왔다. 4차 산업혁명 시대가 도래하면서 인공지능과 같은 지능화 기술의 급격한 발전과 함께 각국의 경쟁적인 군사 지능화 노력은 중국군에게 있어서 새로운 도전으로 인식되고 있으며, 중국군 내부에서는 혁신적 변화가 필요하다는 인식에 힘이 실리고 있다. 특히 미국이 압도적인 우위를 점했던 과거 정보화 기술과는 달리 지능화 기술의 경우 미국과 중국이 치열한 경쟁을 벌이고 있으며 현재까지 어느 한 편이 월등한 우위를 점했다고 단정할 수 없는 현실이다.[103] 따라서 이제

---

103) 2017년 7월 발표한 국가인공지능전략에서 중국은 2020년까지 인공지능 산업의 경쟁력을 국제 선두그룹으로 진입시킨다는 계획을 제시했다. 중국 칭화대학에서 2018년에 발표한 중국인공지능발전보고에 따르면, 중국은 기술개발과 시장 응용 측면에서 이미 세계 선두 지위를 차지하고 있으며, 미국과 함께 세계 선두 그룹을 형성하고

중국군은 후발주자의 이점이라는 전략의 비대칭성을 극대화한 상태에서 지능화 시대의 도래가 세계 일류 군대를 건설하여 미국의 군사력을 추월할 수 있는 전략적 호기이자 마지막 기회로 판단하고, 미국과의 경쟁에서 전략적 우위를 점하기 위해 지능화 기술에 기반한 군사혁신에 박차를 가하고 있다.[104]

중국은 큰 틀에서 이러한 후발주자의 이점 전략을 추구하면서 세부적으로 점혈전 전략, 살수간 전략, 초한전 전략을 통해 전략·전술의 비대칭성 극대화를 추구하고 있다. 중국은 미국의 급소를 찌르는 점혈전, 살수간, 초한전 전략이라는 비대칭 전략을 치밀하게 추진하고 있는 것이다.[105] 중국은 단순히 미국의 군사혁신을 답습할 경우 두 국가 사이에 존재하는 현격한 격차를 단기간 내에 줄일 수 없을 뿐 아니라 엄청난 비용의 무기체계를 도입해야 하는 '첨단 무기의 함정'에 빠질 수 있음을 인식하고 있다. 이러한 인식을 통해 정보화된 전장에서 적의 점혈點穴, 즉 네트워크 C4ISR 체계에 대한 공격과 정보의 근원인 우주 자산에 대한 공격 등 비대칭 전략을 적극적으로 추진하면서 비대칭성 기반의 군사혁신을 추진하고 있는 것이다. 이러한 측면은 미·중 간 군사력 균형을 더욱 모호한 것으로 만드는 요인이 될 것으로 예상한다.[106]

---

있다. 구체적으로 현재 중국은 글로벌 인공지능 연구논문 발표와 인용 측면에서 세계 1위, AI 특허 세계 1위, AI 벤처투자 세계 1위, AI 기업 수 세계 2위, AI 인재 세계 2위를 차지하고 있다. 이상국, 『중국의 지능화 전쟁 대비 실태와 시사점』(서울:한국국방연구원 연구보고서, 2019), p.6.

104) 나호영·최근대, 앞의 논문, p.96.

105) 이창형, 앞의 책, p.278.

106) 설인효, 앞의 논문, p.163.

전통적 군사력 측면에서 미국에 열세인 중국의 비대칭 전략은 전통적, 전면적 군사력 추격 전략이라기보다 5G, AI, 드론, 우주, 사물인터넷 등 4차 산업혁명 시대의 미래 핵심 기술을 활용한 상쇄 전략을 핵심으로 하는 특징을 가지고 있는 것이다.[107]

이러한 시진핑 시대 중국의 비대칭 전략은 4차 산업혁명 첨단과학기술에 기초한 첨단 능력을 바탕으로 군사전략의 범위를 원해와 우주로 확대하고 전역화, 다기능화, 합동작전 역량 구비를 중점적으로 추구하고 있다. 2015년 중국 국방백서는 각 군의 개혁 방향을 제시하면서, 육군은 '구역 방어형'에서 '전역全域 방어형'으로, 해군은 '근해近海 방어형'에서 '원해遠海 방어형'으로, 공군은 '국토 방어형'에서 '공방攻防 겸비형'으로 전환을 강조하고, 정보화 작전이 요구하는 우주 역량체계와 정보 대항네트워크 대응 역량 강화, 육해공군의 합동작전역량 체계를 제고하는 것을 강조하고 있는 것이다.[108]

특히 중국은 미국의 약점을 찾아 급소를 찌르기 위해 AI, 우주, 사이버, 심해작전 능력 향상에 집중하고 있다.[109]

앞서 언급한 대로 중국군은 AI 능력의 발전을 통한 지능화 군대건설을 추진하고 있는데, 미국의 급소를 지향하는 점혈전 비대칭 전략에 기초하여 건설되고 있다. 즉 AI 분야에서도 미국을 상대로 우위를 점하기 위해 5G 시대를 미국보다 먼저 선도함으로써 군사 분야

---

107) 차정미, 앞의 논문(2020), p.40.
108) 차정미, 앞이 논문(2021), p.85.
109) 이창형, 앞의 책, pp.278~279.

에서도 첨단 지능 군대를 달성하고자 한다.[110] 중국 국무원은 2030년 AI 최강국을 목표로 한 차세대 AI 발전 계획에서 "중국은 모든 유형의 AI 기술을 고도화해 신속하게 군사혁신 분야에 편입할 것"이라고 선언하기도 했다.[111]

중국의 우주 프로그램도 미국의 급소를 지향하며 급속히 성장하고 있다. 미국의 중국 군사혁신 보고서에 의하면, 중국은 우주비행체, 발사대, 지휘통제, 데이터 다운링크 등과 같은 분야의 기반을 성장시키기 위해 다양한 기지와 기반 시설들을 개발하고 있다. 특히 미국이 절대 우위를 점하고 있는 위성의 수량을 극복하기 위하여 위기 또는 갈등 시 적의 우주 위성을 거부하고 억제하기 위한 대對 위성 요격 능력 향상과 위성에서의 위성 요격 능력을 향상시키려 하고 있다.

사이버 분야를 발전시키는 것도 미국의 약점을 지향한 결과이다. 월등히 앞서 있는 미국의 정보전자전 능력을 상쇄할 수 있는 방법을 사이버전 능력 향상을 통해 미국의 전자전 체계를 마비시킬 수 있다는 점에 착안해서 추진하고 있는 것이다. 2016년에 신설된 중국군 전

---

110) 최근 『인공지능 윤리(Ethics of Artificial Intelligence)』를 출간한 인공지능 윤리 분야 석학인 매튜 리아오 뉴욕대(NYU) 철학과 교수는 중앙일보와의 인터뷰에서, "중국 AI 가 미국보다 앞서 나갈 수밖에 없는 상황이다. 중국 정부는 사람들의 권리를 무시하고 방대한 양의 데이터를 수집할 수 있기 때문이다"라며, 중국이 방대한 데이터를 수집하여 AI 분야에서 미국을 앞서갈 수밖에 없는 상황이라고 말한다. "인공지능, 미숙해도 너무 발달해도, 윤리문제 생길 수 있다," 『중앙일보』, 2022.11.25., https://www.joongang.co.kr/article/25120552#home (검색일: 2022.11.27.)

111) 우리는 중국이 이러한 AI 기술을 적극적으로 활용한 군사 지능화에 기초해 2030년대 중반 세계 군사 강대국 대열에 진입하고, 2050년경에는 세계 군사 초강대국으로 발돋움하겠다는 구상을 하고 있다는 데 주목하고 대비할 필요가 있다. 이상국, 앞의 책, pp.5~6.

략지원부대의 네트워크 및 정보전부대는 적국의 정부기관, 군부대는 물론이고 해외의 대사관 및 과학연구기관 등을 목표로 트로이 목마 바이러스 등을 주입시키고 중계소 편취를 통해 적의 정보전자전 체계를 마비 혹은 무력화시키는 작전을 전개할 수 있었다. 이는 대표적으로 정보전자전에서 앞서 있는 미국의 급소를 공격하는 방법이다.

중국이 심해전 능력을 향상시키는 것도 절대적 우위에 있는 미국의 해군력을 극복하기 위해서다. 대표적인 사례가 국가 주도로 개발한 무인 잠수정 '치안룽-2호'이다. '치안룽-2호'는 동력 없이 잠수와 부상이 가능하고, 4,500m 해저의 다양한 탐사 활동 및 돌발 상황에서 자율적으로 대처할 수 있도록 설계되었다. 유인 탐사에 비해 안정적이고 잠수 시간 대비 효율성이 높을 것으로 전망되며, 자율 무인잠수정을 활용한 해양 탐사는 인간의 능력으로 닿기 힘든 해저 깊은 곳까지 탐사하여 미래 자원을 확보하는 데에도 긍정적인 영향을 미칠 것으로 기대된다. 중국이 이러한 심해 기술을 확보하는 이면裏面에는 양적인 면에서 미국의 해군력을 따라잡기에 역부족인 상황이기 때문에 심해작전 능력 향상을 통해 미국 해군전력의 행동과 작전을 방해하거나 거부하려는 의도가 있다.

결론적으로, 중국은 미국 등 주요 선진국 군대에 대해 전략의 비대칭성을 극대화하기 위해 큰 틀에서 후발주자의 이점인 비대칭 전략 추진으로 미국에 대한 후발주자로서의 이점을 극대화하면서 구체적인 비대칭 전략으로 점혈전, 살수간, 초한전 전략으로 미국의 급소를 찌르기 위한 비대칭 무기 개발에 집중하고 있는 것이다.

## 라. 시·공간의 비대칭성

시·공간을 활용하는 측면은 이미 미국이 앞서 있는 분야이기에 중국은 비대칭성을 창출하기 위해 미국의 약점을 찾아 상대적으로 우위를 점할 수 있는 분야에 전략적으로 집중하고 있다.

시간의 비대칭성을 창출하기 위해 중국군은 지능화군을 지향하고 있다. 인공지능을 활용하여 결심 주기를 최대한 단축시킴으로써 시간의 비대칭성을 창출하기 위해서이다. 인공지능 분야에서 미국과 선두를 겨룰 정도로 성장한 중국의 기술력은 비대칭성 기반의 군사혁신을 추진하는 주요한 동력으로 작용하고 있다.

그동안 중국군은 고질적인 문제인 고급 지휘관의 지휘 역량 부족 문제를 해소하기 위해 그들의 지휘통제 역량을 강화하는 방안을 모색해 왔다. 정보화 시대에 부합하는 통합지휘 플랫폼과 같은 C4ISR 능력의 제고에서 그 해답을 찾으며, 정보 역량을 증진하는 것에 역점을 두어 왔다. 하지만 중국군은 기술적 문제 해결 방안만으로는 지휘 역량 부족 문제를 해소하기 어려울 것으로 판단하고, 향후 진전될 지능화 기술의 발전에서 그 해답을 찾고 있다.[112] 이에 더하여 2015년 국방개혁을 통해 추진된 합동작전 지휘체계 구축을 완성하기 위해 정보 수집으로부터 작전계획 수립에 이르는 의사결정의 모든 과정에서 요구되는 정보의 효과적인 공유를 통해 군종기능 간의 상호 운용성을 높일 수 있는 '군사지휘통제정보체계'의 개선을 요구해 왔다.[113]

---

112) 나호영·최근대, 앞의 논문, p.103.

113) Kania, Elsa B., "Artificial Intelligence in Future Chinese Command Decision-Making" *AI, China, Russia, and the Global Order: Technological, Political, Global, and Creative*, p.154. 나호영·최근대, p.104에서 재인용.

이러한 맥락에서 시진핑 주석은 제19차 당대회 연설을 통해 "군사 지능화의 발전을 도모하고 네트워크 정보 시스템을 기반으로 하는 연합작전 능력 및 전역작전 능력을 향상시킬 것"을 강조한 바가 있다.[114] 이러한 기조하에 중국군은 지능화 기술에 기반한 차세대 지휘통제체계의 구축을 통해 OODA 주기결심주기를 단축하려는 다양한 노력을 기울이고 있다.

시간의 비대칭성을 확보하기 위해 중국군이 새로운 지휘통제체계를 구축하려는 의도는 명확해 보인다. 작전 템포가 상상 이상으로 빨라지고 전장 정보가 극단적으로 증대되어 특이점에 도달한 미래의 전장에서는 인간의 인지 능력만으로 결정적 우위를 달성할 수 없다는 것은 분명하다. 이는 인간의 의사결정 속도가 작전 템포를 따라가지 못하게 되어 OODA 주기결심 주기에 병목 현상이 발생하기 때문이다. 그래서 중국군은 인공지능을 활용해서 정보의 처리와 작전 환경 평가에 대한 속도를 높이고 작전에 필요한 방책을 제공함으로써 지휘관의 의사결정 및 지휘통제의 속도를 획기적으로 개선하여 시간의 비대칭성을 창출하고 있다. 특히 중국군은 인공지능과 C4ISR 능력을 결합하여 정보의 수집·유통·분석의 속도를 제고하는 '지휘통제의 자동화'를 우선 추진하고 있다. 더 나아가 정보 처리의 질을 향상시키고 의사결정의 일부를 인공지능에 위임하거나 인간의 지능과 융합하는 '지휘통제의 지능화' 달성에 중점을 두고 있다.[115]

미래 중국군의 지휘통제체계가 인공지능에 더욱 의존하는 방식이

---

114) 나호영·최근대, 앞의 논문, p.104.
115) 나호영·최근대, 앞의 논문, p.104.

된다면 보다 효과적으로 정보와 화력을 통합하여 적의 전투 네트워크를 공격·마비·파괴시킬 수 있게 될 것이며, 원격·정밀·소형화·대규모 무인 공격을 주된 공격 수단으로 삼을 수 있게 될 것이다. 또한, 자동적으로 광범위한 탐지가 가능하고, 협조된 지휘통제체계하에서 자율화 군집 전투가 실시간으로 전개되며, 인간과 기계가 융합되어 모든 전장 영역에서 신속하고 정확한 의사결정에 기반한 자율화 작전 수행이 가능하게 될 것으로 전망된다.[116] 중국군은 이렇게 지능화를 통해 시간의 비대칭성을 확보해 나갈 것이다.[117]

공간의 비대칭성 창출을 위해 중국군은 전략적으로 접근하고 있다. 중국은 지상, 공중, 해상뿐만 아니라 우주, 대우주, 전자전 및 사이버 작전을 수행할 수 있도록 모든 전장 영역에 걸쳐 능력을 현대화하였다. 함정, 탄도탄 및 순항미사일, 통합 방공 시스템 등을 포함한 여러 군사 현대화 분야에서 이미 미국과 동등하거나 심지어 능가하기까지 했다. 중국은 군의 합동 지휘통제C2 시스템, 합동 군수 시스템, C4ISR 시스템을 개선하기 위해 노력하고 있다. 현대전에서 합동작전, 정보의 통합, 신속한 의사결정이 중요하다는 것을 인식하고 불확실성이 점증하는 전장에서 복잡한 합동작전을 지휘할 수 있는 능력

---

116) 나호영·최근대, 앞의 논문, p.105.

117) 중국의 리밍하이는 시간의 비대칭성을 극대화하기 위한 방안 중 하나로 '알고리즘 게임'을 제시한다. 알고리즘 게임의 본질은 알고리즘 성능의 상대적 우세를 달성하여 적보다 빠르게 불확실성(fog of war)을 해소하고, 최적의 전투 수단과 방법, 강도를 결정함으로써 적의 작전적 선택지를 최소화하고 전투 양상을 아군에 유리한 방향으로 유도하는 것이다. 알고리즘의 상대적 우세는 적보다 우수한 연산 능력에 의한 의사결정 속도의 우위를 달성하는 것뿐만 아니라, 적 알고리즘의 성능과 구조를 분석하여 오류나 편향을 발생시키도록 유도하는 것을 포함한다. 나호영·최근대, 앞의 논문, p.106.

을 현대화하는 데 계속해서 높은 우선순위를 두고 있다.[118]

전술前述한 대로 현대전 및 미래 전쟁을 위한 재구조화 노력의 일환으로 중국 공산당 중앙군사위원회는 2015년 전략지원부대를 창설했다. 전략지원부대는 이전에 분산된 기능을 통합해 우주, 사이버·전자기, 인지 영역을 보다 중앙집권적으로 통제하고 있다. 즉 중국 공산당의 중앙집권적인 통제에 따라 현대전 및 미래 전쟁에서 중요성이 부각되고 있는 새로운 전장 영역의 비대칭성을 전략적으로 창출하고 있는 것이다.[119]

이것은 더욱 확장되고 있는 전장 영역인 우주, 사이버·전자기, 인지 영역 등 전반적인 정보 영역을 현대 전쟁 및 미래 전쟁의 전략적 자원으로 활용하여 공간의 비대칭성을 창출하고자 하는 중국의 이해 정도를 보여 준다고도 볼 수 있는 대목이다. 특히 중국은 '우주 공간 및 네트워크 공간을 전략적 경쟁의 새로운 요충지'로 규정하고, 분쟁 시 자신의 정보 시스템이나 네트워크 등을 방호하는 한편 적의 정보 시스템이나 네트워크 등을 무력화하고 정보 우세를 획득하는 것이 중요하다고 인식하고 있다.[120]

우주 영역에 대해서, 중국은 2016년 12월에 발표한 자국의 우주 이용의 입장 등에 관한 『중국 우주백서』에서도 군사 이용을 부정하고 있지 않다. 중국의 우주 이용과 관계되는 행정 조직이나 국유기업이 군과 밀접한 협력 관계에 있다고 지적되고 있는 것 등을 고려한다면, 중국은 우주에서의 군사작전 수행 능력의 향상도 꾀하고 있다고

---

118) 김호성, 앞의 책, pp.47~48.
119) 김호성, 전의 책, p.85.
120) 이창형, 앞의 책, p.219.

제4장 비대칭성 기반의 군사혁신 사례 분석

생각할 수 있다.[121] 최근 군사적 목적으로도 이용할 수 있는 인공위성의 수를 급속히 증가시키고 있다. 예를 들어 중국판 GPS라고 불리며 탄도탄 미사일과 같은 유도 기능을 갖는 무기 시스템에 대한 이용 등이 지적되는 글로벌 위성 측위 시스템 베이더우北斗는 2018년 말에 전 세계를 대상으로 운용되기 시작하여 지속적으로 능력 향상을 도모하고 있다. 게다가 분쟁 시에 적의 우주 이용을 제한 및 방어하기 위해 미사일이나 레이저를 이용한 대對 위성 무기를 개발하고 있는 것뿐 아니라 킬러 위성까지 개발하고 있다고 알려져 있다.[122]

사이버 영역에 대해서 중국은 사이버 보안을 '중국이 직면한 심각한 안전보장상의 위협'으로 간주하고 중국군은 "사이버 공간 방호 능력을 구축하여 사이버 국경 경비를 굳히고, 크래커를 즉시 발견하여 막고, 정보 네트워크 보안을 보장하며, 사이버 주권, 정보 안전과 사회 안정을 흔들림 없이 지킨다"라고 표명하고 있다.[123] 현재의 주요 군사훈련에는 지휘체계의 공격 및 방어 양면을 포함한 사이버 작전 등의 요소가 반드시 포함되어 있다. 적의 네트워크에 대한 사이버 공격은 중국의 A2/AD 능력을 강화하는 것으로 여겨진다. 또한, 중국의 무장력 중 하나인 민병民兵 중에는 사이버 영역에서의 능력이 뛰어난

---

121) U.S. DOD, "Annual Report to Congress: Military and Security Developments Involving the People's Republic of China,"(May 2019). 이창형, 위의 책, p.220에서 재인용.

122) 이창형, 앞의 책, p.220. 미래 중국군의 우주군(天軍) 건설은 장비발전부, 로켓군, 전략지원부대가 맡을 것이며, 어떤 특정 군종이 독립적으로 책임지지 않을 것이다. 또한, 그것은 합동작전 모델이 될 것이다. 동시에 중국군의 우주군 건설은 이미 실제적인 추진 단계에 진입했고, 전략지원부대가 핵심적인 위치에 있다는 것을 보여 주고 있다. 이창형, 앞의 책, p.221.

123) 중국 국방백서, "China's National Defense in the New Era"(July 2019). 이창형, 앞의 책, p.220에서 재인용.

자원들로 구성된 '사이버 민병'도 존재하는 것으로 알려져 있다.[124]

전자전 영역에서 중국군은 전자전 환경에서의 각종 대항 훈련을 시행하고 있다. 이와 함께 Y-8 전자전기뿐만 아니라 J-15 함재기, J-16 전투기, H-6 폭격기 중에도 전자전 포드Pod를 갖춰 전자전 능력을 갖춘 것으로 보이는 것의 존재가 지적되고 있다.[125]

지금까지 비대칭성 창출의 4대 핵심 요인으로 분석한 중국의 군사혁신 내용을 정리하면, 아래 <표 4-3>과 같다.

<표 4-3> 비대칭성 창출 4대 핵심 요인으로 분석한 중국의 군사혁신

| 핵심 요인 | 주요 내용 |
|---|---|
| 수단·주체의 비대칭성 | • 위성 요격체계, 심해작전 능력 등 미국이 상대적으로 취약한 수단 개발 및 능력 확보에 집중<br>• 군사 조직, 준군사 조직 활용 및 상호 운용성 증대<br>• 해상민병대, 사이버민병 등 민병民兵까지 적극 활용 |
| 인지의 비대칭성 | • 국가 및 중국 공산당 차원에서 사이버시스템부 활용 조직적으로 사이버 심리전, 3전 수행<br>• 시진핑의 과학기술 리더십 발휘로 첨단과학기술 활용 인지전(Cognitive Warfare) 수행 능력 제고 |
| 전략·전술의 비대칭성 | • 큰 틀에서 후발주자의 이점을 극대화하는 전략 구사<br>• 구체적으로 점혈전, 살수간, 초한전 전략으로 군사적 또는 비군사적 모든 수단을 활용하여 미국의 핵심 취약점인 급소를 찌르는 비대칭 전략 구사<br>※ 비대칭전략의 기원: 손자병법의 피실격허(彼實擊虛) |
| 시·공간의 비대칭성 | • 군사지능화를 통한 OODA 주기 단축에 역량 집중<br>• 우주·사이버 전자기 스펙트럼·인지 영역 등 전 영역을 적극 활용하여 전투 효율성 극대화 |

---

124) 이창형, 앞의 책, p.220.

125) 일본 방위성, *Defense of Japan 2020 Annual White Paper*, p.69. 이창형, 앞의 책, p.220에서 재인용.

# 제4절 평가 및 시사점

## 1. 우크라이나의 군사혁신

골리앗 러시아에 대한 다윗 우크라이나의 선전善戰은 지금도 이어지고 있다. 젤렌스키 대통령은 2022년 9월 25일현지 시각 미국 CBS 방송의 '페이스 더 네이션'에 출연해, "푸틴 대통령도 우크라이나와의 전쟁에서 지고 있다는 것을 알고 있다"라고 말한 뒤 "러시아 사회는 세계 2위의 러시아 군대가 우크라이나에서 승리하지 못하는 것에 대해 이해하지 못하고 있고 그는 이를 정당화해야 한다"라고 강조할 정도로 선전하고 있다.[126]

현대판 다윗과 골리앗의 전쟁에서 다윗 우크라이나가 골리앗 러시아를 상대로 스마트하게 잘 싸우고 있는 이유는 앞서 제시한 비대칭성 창출의 4대 핵심 요인에 집중하여 군사혁신을 추진했다는 평가 이외의 평가를 찾기 힘들다.

이러한 평가로부터 비대칭성 기반의 군사혁신에 주는 시사점을 도출하면, 다음과 같다.

첫째, 앞으로의 군사혁신은 전통적 군사혁신 개념으로 추진하는 것보다 적의 약점과 급소를 찾아 비대칭성 기반의 군사혁신을 추진해야 최단기간 내에 최대 효과를 거둘 수 있다. 모든 분야를 대상으

---

126) 렌스키 "푸틴, 전쟁 계속하겠다는 신호…외교적 협상 불가능", 『연합뉴스』, 2022.9.26. https://n.news.naver.com/article/001/0013461732?cds=news_my (검색일: 2022.9.27.)

로 혁신한다는 것은 아무것도 혁신하지 않겠다는 것과 다름이 없고, 시간과 예산의 효율성이 낮아지기 때문이다.[127] 우크라이나는 2014년 크림반도를 러시아에게 빼앗긴 후 절치부심하여 2015년부터 러시아의 급소를 찾아 찌르기 위해 비대칭성 창출에 기반하여 군사혁신을 추진하여 지금 그 효과를 발휘하고 있다. 한국군이 30년 넘게 지지부진하게 추진하고 있는 국방개혁의 결과와 비교해서 볼 때, 비대칭성 기반의 군사혁신을 추진한 우크라이나의 국방개혁 효과는 더 크게 느껴진다.

둘째, 현재 러·우 전쟁에서 골리앗 러시아에 대해 선전하고 있는 다윗 우크라이나가 추진한 비대칭성 기반의 군사혁신을 분석할 때, 비대칭성 기반의 군사혁신은 본 연구의 핵심 변수인 비대칭성 창출의 4대 핵심 요인을 중심으로 이루어지면 효과가 가장 크다는 것을 시사한다. 따라서 비대칭성 기반의 군사혁신 개념을 적용하여 한국군이 비대칭성 기반의 한국형 군사혁신Asymmetric K-RMA을 추진한다면 이런 시사점을 적극적으로 활용할 필요가 있다.

즉 비대칭성 기반의 한국형 군사혁신Asymmetric K-RMA은 비대칭성 창출의 4대 핵심 요인인 수단·주체의 비대칭성, 인지의 비대칭성, 전략·전술의 비대칭성, 시·공간의 비대칭성을 중심으로 추진하면 그 효과가 더욱 증대될 것으로 전망된다. 특히 임무형 지휘는 중앙집권적인 러시아에 대해 전략·전술의 비대칭성을 극대화하고 있듯이, 중

---

127) 군사혁신(Revolution in Military Affairs) 측면에서 바라본 우크라이나군의 전쟁 준비, 우크라이나－러시아 전쟁 분석(7), 『네이버 무기백과사전』 https://m.terms.naver.com/entry.naver?cid=60344&docId=6615892&categoryId=60344 (검색일: 2022.5.15.)

앙집권적인 북한에 대해 전략·전술의 비대칭성을 극대화할 수 있다는 것을 시사한다.[128] 권위주의 군대의 취약점 중 하나가 중앙집권적인 지휘통제이다. 이런 이유로 우발 상황이 발생하여 최초 계획이 변경되거나 지휘통제의 중추적 역할을 하는 지휘관자 부재 시 권위주의 군대의 작전 템포는 급격히 저하된다. 반면 미군과 같은 자유 민주주의 군대는 임무형 지휘가 보편화되어 '상황 판단-결심-대응' 주기를 단축할 수 있고, 이를 통해 상대의 강한 전투력을 어느 정도 상쇄할 수 있다. 이런 이유로 우크라이나군 지휘부도 임무형 지휘의 도입을 강력하게 추진했던 것이다.[129]

셋째, 비대칭성 창출의 4대 핵심 요인은 요인별 독립적으로 작용하는 것뿐 아니라 상호작용을 통해 그 시너지 효과가 더욱 점증한다는 것을 시사한다. 전략·전술의 비대칭성을 극대화한 임무형 지휘는 상황에 부합하는 적응형 전략을 적절하게 구사할 수 있는 촉매제가 되어 수단·주체의 비대칭성과 인지의 비대칭성을 더욱 높여 주었다. 수단·주체의 비대칭성을 극대화한 국제 총력전 차원에서 빅테크의 지원과 국제적인 지원은 인지의 비대칭성을 자연스럽게 극대화시켜 주었고 시·공간의 비대칭성은 더욱 증대되었다. 따라서 비대칭성 기반

---

128) 이러한 이유로 '육군비전 2050 (수정 1호)'에서도 대한민국 육군의 지휘 철학으로 자리매김하고 있는 임무형 지휘를 30년 후의 개념군에서도 필요하다고 역설한다. 즉 모듈화된 분산전투 중심의 미래 소부대 전장에서도 임무형 지휘는 그 자체가 게임 체인저가 될 수 있다는 것이다. 육군본부, 『육군비전 2050 수정 1호』, pp.69~70.

129) 군사혁신(Revolution in Military Affairs) 측면에서 바라본 우크라이나군의 전쟁 준비, 우크라이나-러시아 전쟁 분석(7), 『네이버 무기백과사전』 https://m.terms.naver.com/entry.naver?cid=60344&docId=6615892&categoryId=60344 (검색일: 2022.5.15.)

의 한국형 군사혁신을 추진할 때도 비대칭성 창출의 4대 핵심 요인의 상호작용을 촉진하는 방향을 적극 강구해야 할 필요가 있다.

## 2. 중국의 군사혁신

중국이 추진하고 있는 비대칭성 기반 군사혁신의 성과는 아직 진행 중이라 섣불리 평가하기가 쉽지 않다. 단지 전문가들은 중국이 군사혁신을 채택한 후 이룬 성과는 그 시간의 길이에 비해 상당히 큰 것으로 평가하고 있다. 특히 군사적 변화를 단순한 무기체계 도입만이 아닌 교리와 전략, 작전 및 전술 개념, 군수, 교육 등의 포괄적 변화로 이해하고 있는 점은 높이 평가될 수 있다고 말한다.[130]

이러한 군사혁신의 성과는 비대칭성에 기반한 군사혁신이기에 성과가 더욱 증대된다는 것에 주목할 필요가 있다.

현재 미국 국방부 고문이자 대표적인 싱크탱크인 허드슨 연구소 산하 중국전략센터 소장인 마이클 필스버리 Micheal Pillsbury는 20회 이상 중국과의 워게임에서 중국을 지휘하는 레드팀장으로 참가한 경험을 바탕으로 중국과의 전략적 경쟁에서는 비대칭성에 주목해야 한다고 강조한다. 즉 필리버리는 전통적 군사혁신의 한계와 이를 극복

---

130) 설인효, 앞의 논문, pp.163~164. 1990년대 이후 인민해방군은 군사 현대화에 있어 상당한 성과(substantial progress)를 거두었다. 많은 영역에서 1997년 이전과 비교하여 전혀 다른 군대가 되었다. Richard Bitzinger, "Modernising China's Military, 1997-2012," China Prospective 4(2011), 설인효, 앞의 논문, p.164에서 재인용.

하기 위해 전통적 군사혁신이 비대칭성 창출을 지향할 때 그 한계를 초월할 수 있다고 말한다. "수년 동안 펜타곤은 스무 차례의 유사한 전쟁 게임을 실시했다. 중국팀이 전통적인 전술과 전략을 사용하는 경우에는 미국이 매번 승리했다. 하지만 중국이 살수간 전술<sub>비대칭 전</sub>략·전술을 동원하면 중국이 승리했다."[131]

최근 실시된 워게임 결과를 통해서도 중국의 비대칭성 기반의 군사혁신의 성과를 중간 평가해 볼 수 있다.[132] 지금 대만에서 미·중 전쟁이 발생한다면 '미국이 승리하여 대만을 수호하겠지만 상당한 피해가 난다는 결과'[133]라든지, '2030년 미·중 전쟁 가상 시뮬레이션에서는 중국이 승리하기도 하는 것'[134]은 중국의 군사혁신의 성과를 간접적으로 나타내는 객관적인 지표 중 하나라고 볼 수 있다.

시진핑 주석도 이러한 비대칭성 기반의 중국 군사혁신의 결과를 "역사적 성과"로 스스로 평가할 정도로 성과를 거두고 있다는 것도 중국의 군사혁신을 평가하는 간접적인 지표로 삼을 수 있을 것이다. 9월 21일 중국 관영통신 신화사에 따르면, 시 주석은 이날 베이징에서 열린 국방 및 군대개혁 세미나에서 "당 중앙과 중앙군사위원회의 전대미문의 결심과 노력으로 개혁 강군 전략을 전면적으로 실시해 장기적인 국방과 군대 건설을 제약하는 시스템적 장애와 구조적 모

---

131) 마이클 필스버리(한정은 옮김), 『백년의 마라톤』(서울: ㈜와이엘씨, 2022), pp.191~192.
132) 마이클 필스버리(한정은 옮김), 앞의 책, pp.191~192.
133) 대만전쟁 시뮬레이션했더니… "미, 중에 이기지만 피해 커", 『연합뉴스』, 2022.8.10., https://www.yna.co.kr/view/MYH20220810012600038 (검색일: 2022.9.11.)
134) "2030년, 미, 중국과의 전쟁서 패배...대만 방어 실패...괌, 지금도 위험", 『아시아투데이』, 2022.5.17., https://www.asiatoday.co.kr/view.php?key=20200517010008362 (검색일: 2022.9.11.)

순을 해결하는 역사적 성과를 거뒀다"라고 말했다. 그는 중국군의
체계와 면모가 새로워졌다고 평가한 것이다.[135]

그러면서 "개혁 성공 경험을 진지하게 정리하고 운용해 새로운 형
세와 임무 요구를 파악해야 한다"라며 "전쟁 준비에 초점을 맞춰 용
감하게 개혁하고 혁신해야 한다"라고 강조했다. 아울러 "이미 정해진
개혁 임무를 수행하고 후속 개혁 계획을 강화해 개혁 강군의 새로운
국면을 개척해야 한다"라며 "건군 100주년 분투 목표를 실현하기 위
해 강력한 동력을 제공해야 한다"라고 주문했다.[136]

이러한 비대칭성 기반의 군사혁신의 성과에 자신감을 가진 시진핑
은 최근 3연임에 성공한 제20차 당대회 정치 보고에서 건군 100주년
이 되는 2027년까지 세계 일류 군대를 건설하는 것을 목표로 내걸었
다. 이를 위해 시 주석은 "군사훈련과 전쟁 준비를 강화하고 강력한
전략 억제체제를 구축하며 새로운 영역의 작전 역량 비중을 늘려야

135) 시진핑 "중국군, 전쟁 준비에 초점 맞춰 개혁·혁신하라", 『연합뉴스』, 2022.9.21.
https://www.yna.co.kr/view/AKR20220921170800083?input=1195m (검색일:
2022.9.26.)
2019 국방백서에도 중국의 군사혁신을 다음과 같이 평가한다. "신시대 중국 국방 및
군대 건설은 시진핑의 강군 사상과 군사전략 사상을 심층적으로 시행하고 정치건군
(政治建軍), 개혁강군(改革强軍), 과기흥군(科技興軍), 의법치군(依法治軍)의 사상을
견지하며, 전쟁을 치를 수 있고 승리하기 위해 집중함과 동시에 기계화 및 정보화가
서로 융합된 발전을 추진하고 군사 지능화 발전에 박차를 가하며, 중국 특색 현대 군
사역량체계를 구축하고 중국 특색 사회주의 군사제도를 보완 및 발전시킴과 동시에
신시대 사명과 임무를 수행하는 능력을 끊임없이 강화했다." 국방정보본부, 『2019년
중국 국방백서 신시대의 중국국방(新時代的中國國防)』(서울: 국군인쇄창 재경지원반,
2019), p.11.
136) 시진핑 "중국군, 전쟁 준비에 초점 맞춰 개혁·혁신하라", 『연합뉴스』, 2022.9.21.
https://www.yna.co.kr/view/AKR20220921170800083?input=1195m (검색일:
2022.9.26.)

한다"라고 강조하기도 했다.[137]

지금까지의 논의를 종합적으로 분석하면, 미·중의 전략적 경쟁 상황에서 약자인 중국이 강자인 미국을 상대로 미국의 급소를 찌르기 위해 비대칭성 기반의 군사혁신을 강력하게 추진해서 미국의 아성牙城을 무너뜨리겠다는 야망을 노골적으로 드러내고 있다고 봐야 한다는 결론에 도달한다. 등소평 시대부터 이어지던 도광양회韜光養晦의 시대가 시진핑 집권 이후부터 유소작위有所作爲의 시대에서 본격적으로 시작되었다는 것을 뜻하기도 한다.[138]

137) "핵·미사일 부대 3년새 33% 늘렸다…시진핑이 벼르는 타깃," 『중앙일보』, 2022.10.31. https://www.joongang.co.kr/article/25113563 (검색일: 2022.10.31.)
138) 김기수, 『후진타오의 이노베이터 시진핑 리더십』(서울: 석탑출판, 2012).

제 **5** 장

# 비대칭성 기반의 한국형 군사혁신(Asymmetric K-RMA)을 위한 전략적 접근 방안

제1절 가설 검증과 비교 분석을 통한
총괄적 방향 정립

제2절 비대칭성 창출의 핵심 요인별
전략적 접근 방안

# 제5장

# 비대칭성 기반의 한국형 군사혁신Asymmetric K-RMA을 위한 전략적 접근 방안

## 제1절 가설 검증과 비교 분석을 통한 총괄적 방향 정립

### 1. 전통적 군사혁신의 한계 인식 필요 (가설 #1 검증)

가설 #1에서 제시한 전통적 군사혁신의 한계점을 러시아의 국방개혁과 한국의 국방개혁을 통해 검증했다.

러시아는 푸틴이 집권한 이후 전통적인 군사혁신 개념으로 전력체계 혁신, 작전운용개념戰法 혁신, 구조·편성 혁신을 추진하여 일정한 성과를 거두었으나 구조적 한계에 봉착하면서 현재 진행되고 있는 러·우 전쟁에서 고전을 면치 못하고 있다.

러시아는 전력체계 혁신을 통해 첨단 전력 위주로 전력체계를 혁신하는 데에만 집중하다 보니 재래식 전력의 건설을 등한시하여 현재 러·우 전쟁에서 그 한계점에 봉착해 있다. 그리고 하이브리드전 개념을 적용하고 불시 점검 시스템을 도입하여 일정한 성과를 거두기는 했으나, 현재 러·우 전쟁에서는 중앙집권적이고 폐쇄적인 조직 문화로 인해 불확실한 전쟁 Fog of War에서의 효과적인 대응에 있어 전술적 수준부터 전략적 수준까지 다양한 문제점이 노정되고 있다. 또한, 첨단기술에 의존한 무리한 부대 및 병력 감축으로 인해 전장에 필요한 병력을 보충하지 못해 발생하는 다양한 문제점을 드러내고 있다.

한국도 30년 넘게 국방개혁을 실시해 오고 있지만, 아직 제대로 혁신되지 못했다고 국방개혁의 부진을 질타하는 게 전문가들의 일반적인 지적이다. 이러한 시행착오 끝에 윤석열 정부에서는 국방개혁 2.0의 차기 버전 next version인 '국방혁신 4.0'을 통해 제2의 창군 수준으로 국방개혁을 추진하고 있는 것이다.

지금까지의 국방개혁에서는 2000년대 초부터 본격적으로 전통적 군사혁신 개념을 도입하여 3대 핵심 요인을 균형 있게 발전시키기 위해 노력해 온 게 사실이다. 그런데 전통적 군사혁신의 구조적 한계점에 봉착한 결과, 다양한 문제점을 노정하고 있다고 분석할 수 있다.

전력체계 혁신 측면에서는 첨단기술을 적용한 전력체계 혁신에 방점을 두되 기존 재래식 전력체계의 성능 개선을 병행하는 High-Low Mix 개념의 전력체계 혁신을 추진하여 다양한 성과를 거두고 있다. 전력체계 혁신과 발맞추어 국내 방산업체도 동반 성장해 오고 있다. 그 결과 방사청은 방산 5대 강국 추진 전략을 수립하여 추진

중에 있으며, 최근 폴란드에 K-2 전차, K-9 자주포, FA-50 경공격기 등을 수출하는 계약을 성사시켜 30조 원 이상의 성과를 올리기도 했다. 단, 북한 위협[1]에 따른 수동적이고 대칭적인 전력체계 혁신은 10~15년 정도 장기간 소요되는 전력화 프로세스 고려 시 북한 및 주변국 위협에 효과적으로 대응할 수 있을지에 대한 의문이 뒤따르지 않을 수 없다.

작전운용개념戰法 혁신 측면에서 각 정권마다 위협 인식이 상이하다 보니 군사전략과 세부 작전운용개념戰法이 달라져 혼선을 빚는 경우가 발생하고 있는 게 사실이다. 혁신된 전력체계를 운용하는 개념이 흔들려 전력체계 혁신의 효과를 반감시킬 수밖에 없는 것이다. 또한, 첨단기술을 통해 병력 절감형 부대구조로 구조·편성 혁신을 추진하다 보니 도시화율 진행에 따라 도시지역작전, 메가시티작전이 더 중요해지는 한반도의 미래 전장에서의 승리를 담보할 수 없는 가능성까지 우려해야 하는 지점에 와 있다.

결론적으로, 북한의 위협에 대한 상이한 인식으로 인해 적용하는 개념의 차이가 다소 혼란스러우며,[2] 위협 인식에 따른 대칭적 전력 건설의 한계점을 인식하지 않을 수 없다. 또한, 국방개혁이 30년 넘게 장기간 추진되다 보니 국민이나 군인 모두가 국방개혁에 대한 피로도를 느낄 수밖에 없는 구조적 한계점에 도달했다는 것까지 지적하

---

1) 김태현 국방대 교수는 북한 군사전략의 본질은 공세주의이며, 대담한 전격전(bold blitzkrieg)이 기본 전략이라고 강조한다. 김태현, "북한의 공세적 군사전략: 지속과 변화," 『국방정책연구』(제33권 제1호 통권 제115호, 2017), pp.131~170.
2) 진호영, "역대 정부의 국방개혁 추진 실태 분석: 부대구조를 중심으로," 『미완의 국방개혁, 성과와 향후 과제 제2차 세종국방포럼 결과』(세종연구소, '21.12.22), p.7.

지 않을 수 없다.

바로 이러한 구조적 한계점을 극복하기 위해 이 책에서 주장하는 '비대칭성 기반의 한국형 군사혁신Asymmetric K-RMA'이 필요한 것이다. 이제부터 한국군은 선택과 집중 전략을 채택한 '국방혁신 4.0'이 적의 약점, 특히 가장 취약한 급소를 찾아 한국군의 강점을 집중하여 전투력을 효과적으로 투사할 수 있도록 추진되어야 한다. 특히 비대칭성 창출의 4대 핵심 요인에 집중하여 추진 과제를 재정비하여 추진할 필요가 있다.

**〈표 5-1〉 전통적 군사혁신의 성과와 한계**

| 구 분 | 러시아 | 한국 |
|---|---|---|
| 전력체계 혁신 | ·· 첨단 전력 위주 건설<br>· 재래식 전략 건설 등한 시 | · 첨단 전력 위주 건설<br>· 재래식 전력 개선 사업 병행<br>※ High-Low 믹스 개념 적용하 전력체계 혁신 |
| 작전운용개념<br>(戰法) 혁신 | · 하이브리드전 개념 도입<br>· 불시 점검 시스템 가동 | · 정권의 위협 인식에 따라 상이한 작전운용개념 적용<br>* 적극적 억제/능동적 억제, 공세적 방위 |
| 구조·편성 혁신 | · 무리한 부대 및 병력 감축 | · 첨단기술 적용을 통한 병력 절감형 부대구조 추진<br>· 육군 위주 병력 감축 |
| 한계 | · 지속성 결여 시 효과 제한 | · 북한 위협에 대칭적 군사혁신 추진으로 도발 억제 제한<br>· 장기간 추진으로 인해 체감 제한, 추진 동력 감소 |

## 2. 비대칭성 기반의 한국형 군사혁신Asymmetric K-RMA 추진을 위한 전략적 방향 (가설 #2 검증)

전통적 군사혁신의 한계점을 극복하기 위해 가설 #2에서 제시한 비대칭성 기반의 군사혁신의 성과를 제4장에서 러·우 전쟁 중인 우크라이나의 군사혁신과 중국의 군사혁신 사례 분석을 통해 검증했다. 즉 우크라이나와 중국은 수단·주체의 비대칭성, 인지의 비대칭성, 전략·전술의 비대칭성, 시·공간의 비대칭성을 극대화하면서 비대칭성 기반의 군사혁신을 성공적으로 추진하고 있다는 것을 확인했다.

〈표 5-2〉 비대칭성 기반 군사혁신의 성과 평가

| 핵심 요인 | 우크라이나 | 중국 |
|---|---|---|
| 수단·주체의 비대칭성 | ○ | ○ |
| 인지의 비대칭성 | ○ | ○ |
| 전략·전술의 비대칭성 | ○ | ○ |
| 시·공간의 비대칭성 | ○ | ○ |

제4장에서 논증한 비대칭성 창출의 4대 핵심 요인별 핵심 내용을 요약 정리하면서 비대칭성 기반의 한국형 군사혁신Asymmetric K-RMA 추진을 위해 필요한 전략적 방향을 제시하면 다음과 같다.

첫째, 수단·주체의 비대칭성 관점에서 볼 때, 수단 측면에서는 서방 무기 및 전력 지원체계물자·장비를 우크라이나군 자체 보유 무기와 융·복합해서 High-Low Mix 개념으로 전력체계 무기체계+전력지원체계를 효율적으로 활용한 것이 특징적이다. 또한, 주체 측면에서 볼 때, 우크라이나군을 비롯한 민간인으로 구성된 IT 부대, 드론 운용부대 등 우크라이나 국민 전체를 활용한 것뿐만 아니라 민주 서방 세력과 이에 동조하는 빅테크 기업까지 전 지구적인 글로벌 주체를 최대한 활용했다. 국가 총력전을 넘어 국제 총력전 개념까지 도입해야 할 정도로 국제적인 세력 규합에 성공하고 있는 게 바로 우크라이나이다.

반면, 중국은 수단 측면에서 미국과의 경쟁에서 우위를 점하면서 핵심 취약점인 급소를 찌를 수 있는 군사 지능화 및 무인화 체계, 우주 발사체 요격 체계, 심해 탐사 체계 등 비대칭 첨단 전력 체계 개발에 집중하며 수단의 비대칭성 극대화에 집중하고 있다. 또한, 주체의 비대칭성 측면에서도 군사 조직뿐 아니라 준군사 조직까지 적극적으로 활용하고 있으며, 해상 민병대 및 사이버 민병 등 민병까지 평소부터 활용하고 있다. 더욱이 군사 조직과 준군사 조직 간의 평시부터의 지휘체계 효율성 향상을 위해 다양한 수단과 방법을 강구하면서 실질적인 전투력을 높이는 데 집중하고 있다.

둘째, 인지의 비대칭성 측면에서 우크라이나는 국군의 통수권자인 젤렌스키 대통령이 전장을 진두지휘하며 전장 상황을 실시간 SNS, 유튜브 등의 매체를 활용하여 우크라이나 국민들의 전투 의지 및 사기를 고양할 뿐만 아니라 세계 여론이 우크라이나에 우호적인 편으로 만들고 있다. 즉 세계 여론이 우크라이나는 선善한 세력, 푸틴과 러시아는 악惡한 세력으로 규정짓도록 만들고 있다. 이러한 인지의 비대칭성 극대화는 우크라이나의 인지전 Cognitive Warfare 성공에 촉매제 역할을 하고 있다는 게 전문가들이 이구동성으로 지적하는 핵심 요인이 되었다.

중국도 인지 우세권制腦權 확보를 위해 중국 공산당, 국가 차원에서 2015년 창설된 전략지원부대 사이버시스템부를 활용하여 사이버심리전, 전자전 등을 조직적으로 수행하고 있다. 중국 공산당이 중앙집권적으로 인지의 비대칭성을 극대화하고 있는 것이며, 사이버시스템부에서 3전법률전, 여론전, 심리전까지 전담하고 있다. 중국 공산당이 국가 차원에서 실시하는 것이기에 공공기관 및 학교기관 등 국가 조직을 총망라하여 활용하는 특징이 있다.

셋째, 전략·전술의 비대칭성을 극대화하기 위해 우크라이나는 나토군을 통해 숙달한 임무형 지휘에 기반하여 불확실하고 불예측성이 높은 전장에서 기민하게 상황을 판단하여 적응적으로 대응하는 적응형 전략·전술Adaptive Strategy·Tactics을 구사하여 중앙집권적으로 통제적인 러시아군을 수렁에 빠지게 하고 있다. 러시아군은 상부의 지시를 기다리며 현장 지휘관이 적시적인 결심을 하지 못하고 주저할 때, 임무형 지휘에 숙달된 우크라이나군은 현장 지휘관의 적시적인 판단을 통해 러시아군을 패퇴시키고 있기 때문이다.[3]

중국은 미·중의 첨예한 전략적 경쟁을 하고 있는 상황이기에 미국에 비해 뒤늦게 시작한 군사혁신을 무리하게 추진하지 않고 큰 틀에서 '후발주자의 이점 전략'을 지략적으로 활용하고 있다. 이러한 후발

---

3) 한윤기, "전망 이론 관점에서 본 러시아 우크라이나 전쟁의 원인과 러시아군 실패 요인 분석," 『'22년 전반기 합동 세미나(합동성 차원에서 평가한 러시아 우크라이나 전쟁) 자료집』(대전: 국방출판지원단자운대반, 2022), pp.12~16.

주자의 이점 전략을 추구면서 세부적인 비대칭 전략으로 점혈전, 살수간, 초한전 전략을 통해 미국의 급소를 찌르기 위한 준비를 치밀하게 실시하고 있다. 그 결과 전술前述한 대로 대만 분쟁 시 미·중 간의 군사적 대결을 상정한 워게임에서 중국군이 미군을 이기는 워게임 결과까지 있을 정도가 되었다.

넷째, 시·공간의 비대칭성 측면에서 볼 때, 시간의 측면에서 결심 주기인 OODA 루프를 단축하기 위해 우크라이나군은 빅테크의 지원을 받아 우주 위성통신까지를 망라한 우수한 C4I 체계를 효율적으로 활용하여 러·우 전쟁에서 성과를 창출하고 있다. 중국도 개선된 지휘통제체계와 군사 지능화를 통해 선견先見-선결先決-선타先打의 결심 주기를 최대한 줄이기 위해 노력하고 있다. 공간 측면에서도 우크라이나군이나 중국군 모두 지상, 해양, 공중뿐 아니라 우주·사이버 전자기 스펙트럼·인지 영역을 망라하여 전 영역을 최대한 활용하여 공간의 비대칭성 극대화를 추구하고 있다.

지금까지의 논의를 정리하면, 아래 <표 5-3>과 같다.

〈표 5-3〉 우크라이나와 중국의 군사혁신이 비대칭성 기반의
한국형 군사혁신Asymmetric K-RMA에 주는 전략적 방향

| 핵심 요인 | 우크라이나 | 중국 |
|---|---|---|
| 수단·주체의 비대칭성 | • High-Low 믹스 개념의 효율적인 전력 운영<br>• 민간 IT 부대 등 국민과 민군 융합 플랫폼 활용<br>• 자유민주주의 진영에 있는 우호 세력 활용<br>• 스타링크, MS 등 빅테크 최대 활용 | • 적의 급소를 찌르는 비대칭 전력 개발<br>• 군사 조직 및 준군사 조직 최대 활용 위해 전투 효율성 증대<br>• 평소 민병(民兵)까지 활용 |
| 인지의 비대칭성 | • SNS 활용 국민들의 항전의지 및 사기 고양, 세계 우호 여론 조성<br>• 전쟁 지도자의 전장 리더십 | • 국가 차원에서 사이버시스템부 활용 인지전(사이버 심리전, 3전) 수행<br>• 지도자의 과학기술 리더십 |
| 전략·전술의 비대칭성 | • 임무형 지휘에 기반한 적응형 전략·전술 구사<br>• 미군 등 주요 군사 선진국의 발전된 교리 수용, 맞춤형 전략·전술로 발전 | • 후발주자의 이점 전략을 지략적으로 구사<br>• 점혈전, 살수간, 초한전 비대칭 전략으로, 적의 급소를 찌르는 군사적/비군사적, 물리적/비물리적인 모든 수단을 활용 |
| 시·공간의 비대칭성 | • 우수한 C4I 활용 OODA 주기 단축<br>• 우주·사이버 전자기 스펙트럼·인지 영역 등 전 영역을 효율적으로 활용하여 전투 효율성 극대화 | • 군사 지능화를 통해 OODA 주기 단축<br>• 우주·사이버 전자기 스펙트럼·인지 영역 등 전 영역을 효율적으로 활용하여 전투 효율성 극대화 |

## 제2절 비대칭성 창출의 4대 핵심 요인별 전략적 접근 방법

이 책에서 분석한 러·우 전쟁 중인 우크라이나의 군사혁신, 중국의 군사혁신 사례뿐 아니라, 고대 전투에서 현대전에 이르기까지 혁신적인 방법과 전략·전술로 적을 격멸한 전례에서 승리한 핵심 요인에는 비대칭성의 차별적 우월성이 반드시 존재했고 앞으로도 그럴 것이다. 그런데 한때 창출된 비대칭성은 시간이 지남에 따라 상대편이 모방적으로 적응하여 비대칭성이 소멸되기 때문에[4] 비대칭성이란 특정 상황에 부합된 독창적 무기 또는 혁신적 개념의 잠재력을 인식하고 활용하는 자에게 진정한 '비대칭적' 우세를 가져다준다는 점을 명심해야 한다.[5] 따라서 미래 전쟁에서도 비대칭성의 우위를 확보하려면 새로운 비대칭전에 대하여 연구하고 상대방의 전략과 전술을 초월하는 방책 개발을 계속해 나가야 한다.[6]

지속적인 비대칭성 창출을 극대화하기 위한 방책 개발의 첫 발걸음이 되길 기대하며 제1절 사례 분석을 통해 제시한 전략적 방향을 기초로 한국군에 어떻게 전략적으로 적용할 것인지에 대해 비대칭성 창출의 4대 핵심 요인별로 전략적 접근 방안을 제시한다.

---

4) 김성우, 앞의 논문, p.30.
5) 박창희, "비대칭 전략에 관한 이론적 고찰," 『국방정책연구』, 제24권 제1호, 2008년 봄 (통권 제79호), p.203.
6) 김성우, 앞의 논문, p.31.

## 1. (수단·주체의 비대칭성) 첨단기술 기반 High-Low Mix 개념의 질적 군사력으로 비대칭적 우세 달성

중국은 미·중의 전략적 경쟁에서 압도적인 미국의 군사력에 대응해 비대칭적 우세를 달성하기 위해 점혈전, 살수간, 초한전 비대칭 전략에 기초해 미국의 급소를 찌를 수 있는 첨단기술 기반의 군사력 건설에 매진하고 있다. 즉 세계 최강대국인 미국과의 경쟁에서 우위를 점하기 위해서는 수단의 비대칭성 창출은 최대 과업이기도 하다.

한국군도 중국처럼 첨단기술 기반 질적 군사력 건설에 매진해야 한다. 비대칭성 기반 군사혁신의 출발점이 첨단기술 기반 질적 군사력이기 때문이다. 한국군은 비대칭성 기반의 군사혁신에 성공할 때 비로소 실효적인 첨단과학 기술군으로서의 첫발을 내딛는 계기가 될 것이다.

이를 위해 군사혁신 개념으로 추진 중인 '국방혁신 4.0'의 핵심 과제인 유·무인 복합 전투체계 구축을 서둘러야 한다. 특히 합동작전 수행 개념인 전 영역 통합작전을 온전히 수행하기 위해서는 육군이 국가 방위의 중심군으로서 다 영역 전장을 지배하기 위해 최소 피해로 전투 효율성을 극대화하기 위해 추진하고 있는 Army TIGER[7]를

---

7) 현재 육군이 추진하고 있는 Army TIGER는 인명 중시, 최소 피해, 전투 효율성 극대화를 위해 첨단과학 기술군으로 군사혁신한 미래 육군의 모습이자 4세대 이상의 지상전투체계로 무장한 미래 지상군 부대를 상징한다. 이러한 군사혁신은 유·무인 복합 및 모듈화의 부대구조, 다 영역 동시 통합작전을 위한 작전수행 개념, 아미타이거기반전투체계, 드론봇 전투체계, 워리어플랫폼으로 구성된 3대 전투체계인 전력체계 전반에 걸쳐 수행되고 있다. 차원준, "육군의 AI기반 유·무인 복합 전투체계 발전; Army TIGER!," 『DX-K 2022 제8회 미래 지상군 발전 국제 심포지엄 발표 자료집(AI 기반 유무인 복합 전투체계와 다영역 작전을 위한 육군의 대비방향 A Way Ahead of the ROK Army for AI-Based Manned-Unmanned Complex Combat Systemsand Multi-Domain Operations)』(서

우선적으로 추진해야 한다. 온전한 합동성 발휘를 위해 육·해·공군의 전력이 균형되게 전력화되어야 하기 때문이다. 한국군의 현 실태를 보면 이지스함, 도산안창호함3,000t급 잠수함, F-35, KF-21 등을 전력화하고 있는 4·5세대 수준의 해·공군 전력에 비해 육군 전력은 2.5세대 수준으로 상대적으로 열악한 상태인 게 사실이다.[8]

특히 Army TIGER 3대 전투체계[9] 중 하나이면서 육군의 5대 게임 체인저[10] 중 하나인 드론봇 전투체계 전력화에 집중해야 한다. 미래 군사용 드론의 효율적 전력화를 위해서 이미 개발한 플랫폼과 소프트웨어를 표준화하고, 획득 기간 단축, 운용·정비 여건 향상, 상호 운용성·호환성 증진 및 업데이트 편리성을 추진해야 한다. 또한, 드론의 제한 사항한계점은 일회성 완성형이 아닌 단계적 보완이 필요하다. 중장기적으로 기旣 개발 드론을 표준으로 정찰·공격·전자전 임무 장비를 모듈화 운용하며, 스텔스·극초음속·양자기술 등 첨단기술을 드론에 융합하여 비대칭 전력으로 개발해야 할 것이다.[11]

유형 전투력 측면에서 수단의 비대칭성 확보를 위해 한국군은 우크라이나군처럼 저가의 맞춤형 무기체계를 융통성 있게 융·복합시

---

울: 한국국가전략연구소, 2022), pp.22~24.

8) 육군본부, 『변화와 혁신을 위한 여정, 그리고 육군의 미래』(충남 계룡: 국방출판지원단, 2022), p.39-2.

9) Army TIGER 3대 전투체계는 Army TIGER 기반 전투체계(기동화, 네트워크화, 지능화), 드론봇 전투체계, 워리어플랫폼이다.

10) 육군의 5대 게임 체인저는 전천후·초정밀·고위력 미사일, 전략기동군단, 특수임무여단, 드론봇 전투체계, 워리어플랫폼이다.

11) 이은재, "동시방위전략 구현을 위한 '드론전' 수행 개념," 『군사혁신저널(Army FIT)』, 제7호, 2022., p.2.

켜 효율적인 군사력을 건설하면서 효과적인 작전을 수행하는 방안을 모색해야 한다. 또한, 고가의 첨단무기체계 개발에만 치중하는 것보다 저가의 상용 드론과 같은 효율적인 무기체계를 활용한다든지 기존의 무기체계를 상황에 맞게 성능 개량시켜 활용하는 High-Low 믹스 개념의 군사력 건설 방안도 함께 고려하면 시너지 효과가 더욱 증대될 것이다.[12] 효율적이면서 강한 힘을 갖게 될 것이다.

이러한 효율적이고 강한 비대칭적 힘은 고도화되고 있는 북한 핵·미사일에 대한 실질적인 대응 능력을 획기적으로 보강하는 데 시너지 효과를 발휘할 것이다. 즉 한미 확장 억제력과 더불어 한국군의 한국형 3축체계[13] 능력 확보 및 독자적인 정보감시정찰 능력 구비 등과 유기적으로 융·복합되면 북한의 핵·미사일 사용을 억제하고 유사시 전승을 달성하는 강력한 힘이 될 것이다.[14]

특히 이번 러·우 전쟁은 무형 전투력 측면에서 수단의 비대칭성 확보가 얼마나 중요한지를 우리에게 시사해 준다. 국가 총력전 관점에서 군 통수권자인 국가지도자의 진두지휘 전장 리더십이 얼마나 중요한지, 군인뿐 아니라 국민과 함께 모두가 일치단결된 전투 의지가 얼마나 중요한지를 알려준다. 한국군은 군 통수권자를 중심으로 국민, 군대, 정부가 결연하게 뭉친 삼위일체의 강한 대한민국을 만들기 위해 지속적으로 다양한 방안을 강구해 나가야 한다. 강력한 힘

---

12) '육군비전 2050 수정 1호'에서도 High-Low 믹스 개념의 무기체계 개발 개념을 제시하고 있다. 육군본부, 『육군비전 2050 수정 1호』

13) Kill Chain, 다층 미사일 방어체계, 압도적 대량 응징보복 능력

14) 제20대 대통령직인수위원회, 앞의 책, p.176.

과 결연한 전투 의지로 결집된 대한민국은 전쟁을 억제하면서 억제에 실패하더라도 유사시 언제, 어디서, 누구와 싸워도 반드시 이길 수 있는 실질적인 Fight Tonight 태세를 갖출 수 있을 것이다.

또한, 한국군은 국가 인재를 활용한 비대칭성 창출에도 진력盡力해야 한다. 미래 전쟁이 아무리 유·무인 복합 전투체계 더 나아가 무인체계 중심으로 변화할지라도 결국 그 전투체계를 운용하는 인간 human factor이 전쟁의 승패를 좌우하기 때문이다. 한국군도 이미 과학기술사관, 군사과학기술병 제도 등을 통해 과학기술 인재를 키우고 있다. 이러한 제도를 더욱 발전시켜 국가의 과학기술 엘리트들을 군에서 활용하는 시스템을 만들어야 한다. 한국군이 국가 엘리트들을 군에서 활용할 수 있는 시스템을 정착시켜 적극적으로 활용할 때, 미래 전쟁의 게임 체인저로서 '비대칭성 기반의 한국형 군사혁신 Asymmetric K-RMA'의 완전성은 더욱 높아질 것으로 확신한다.


## 2. (인지의 비대칭성) ICT 강국에 걸맞은 인지전 수행 능력 확보

북한은 세계에서 가장 폐쇄적인 국가 중 하나다. 외부 세계로부터 단절되어 있고 국가가 모든 것을 통제하고 감시하는 사회이다. 북한은 대내외적으로 체제 선전과 주민들에 대한 사상 교육을 담당하는 노동당 선전선동부를 중심으로 김정은 체제를 선전선동하고 있다. 김정은의 최측근인 여동생 김여정이 부부장 직책을 맡아 '김정은 입' 역할을 수행하고 있는 조직이 선전선동부다. 북한에서 백두혈통으로 불리는 김여정을 선전선동부 수장으로 활용한다는 것은 북한에서 선전선동이 얼마나 중요한지, 북한 정권이 주민들의 사상 통제를 얼마나 중요시하는지, 북한이 얼마나 폐쇄적인 사회인지를 여실히 보여 준다.

이러한 북한의 폐쇄성은 곧 우리에게 기회의 창이다. 앞서 분석한 대로, 4차 산업혁명 첨단과학기술로 초연결·초융합되어 있는 세계에서 러시아의 폐쇄성은 우크라이나에게 치명적인 약점으로 작용하고 있기 때문이다. 이번 전쟁에서 우크라이나가 보여 주고 있는 인지 영역에서의 비대칭성 우위 확보는 우리가 러시아보다 훨씬 폐쇄적인 북한에 비해 압도적인 인지의 비대칭성 우위를 확보할 수 있다는 자신감을 준다. 앞으로 초연결 네트워크를 기반으로 초지능·초융합될 미래 사회로 갈수록 이러한 기회의 공간은 더욱 확장될 것이다.

따라서 인지의 비대칭성 창출을 위해 전략적, 작전술, 전술적 수준에서의 인지전 수행 능력을 면밀하게 진단해 보고, 식별된 문제점을 개선하기 위해 노력해 나가야 한다. 비대칭성 창출 기반의 군사력 건설을 위한 핵심 요건 중 하나임이 틀림없다.

## 3. (전략·전술의 비대칭성) 상황 변화에 기민하게 대응 가능하도록 임무형 지휘에 기반한 비대칭 동시 전략·전술 추구

미래 전장으로 갈수록 초불확실성과 초불예측성이 점증할 것이기 때문에 기민한 비대칭 동시 전략·전술 구사를 위해서는 육군의 지휘 철학인 임무형 지휘 숙달의 중요성을 더욱 점증한다. '육군비전 2050

수정 1호'에서도 불확실성이 점증될 미래 전장에서 지휘통제의 기민성을 위해 임무형 지휘가 더욱 중요하다고 강조한다. 즉 '육군비전 2050 수정 1호'에서는 "미래 작전 환경은 매우 빨리 그리고 불규칙하게 변화하며 작전 템포가 빠르게 전개되기 때문에 작전 간 발생하는 다양한 위협은 기민한 대응을 요구한다. 기민한 대응을 위해서는 의사결정과 지휘통제의 기민성Agility이 필요하다. 지휘통제의 기민성은 정보 네트워크의 통합, 임무형 지휘가 중요한 요소"라며 지휘통제의 기민성을 위해 임무형 지휘가 중요하다고 강조한다.[15]

이를 위해 한국군은 임무형 지휘를 뿌리내리게 하기 위해 '학습하는 조직'으로 혁신해야 한다고 생각한다. 우리 스스로가 끊임없이 학습하고 공부해서 군인으로서의 역량, 전문성을 키워야 한다. 학교기관에서나 야전부대에서나 교범, 병법, 전쟁사, 전쟁론, 전략론 등 군사 서적을 부단히 읽고 이를 바탕으로 묻고 답하며 토론하면서 우리 스스로가 교리 전문가, 전쟁 전문가, 군사전문가가 되어야 한다. 이를 통해 육군 구성원들이 각자 계급에 걸맞은 역량을 갖추기 위해 누가 시켜서가 아니라, 성적을 위해서가 아니라 스스로 부단히 읽고 또 읽는 자발적인 독서와 공부 문화를 가진 학습하는 조직이 되어야 한다.

이러한 학습하는 조직의 구성원들은 자율적이고 창의적인 생각을 체득하여 임무형 지휘를 수행할 수 있는 역량을 스스로 갖출 수 있을 것이다. 이러한 임무형 지휘에 필요한 역량 구비는 임무형 지휘를 실질적으로 뿌리내리게 하는 자양분이 될 것으로 확신한다.

---

15) 육군본부, 『육군비전 2050 수정 1호』, pp.69~70.

또한, 임무형 지휘에 걸맞은 맞춤형 훈련 체계를 정착해야 임무형 지휘를 뿌리내리게 할 수 있을 것이다. 임무형 지휘는 하급자가 자기 마음대로 임무를 수행하는 것이 아니라, 지휘관 의도를 정확하게 명찰하고 그 의도 안에서 자율적이고 창의적으로 임무를 수행하는 것이 본질이다. 지휘관은 명확한 지휘관 의도를 제시해야 하며, 하급자의 역량에 걸맞은 권한을 적절하게 위임해야 한다. 즉 지휘관은 수용할 수 있는 위험만큼 하급자에게 권한을 위임하고, 하급자가 자율적이고 창의적으로 위임된 임무를 수행할 수 있도록 적절하게 지원해야 한다.

이를 위해 임무형 지휘에 걸맞은 훈련체계를 구축하고 훈련 또 훈련하는 풍토를 조성해야 한다. 우선 창끝 부대훈련부터 지휘관의 지휘결심훈련을 실시하고 평가하여 피드백할 수 있는 맞춤형 훈련체계를 구축해야 한다. 훈련 후 사후검토 간에는 반드시 지휘결심 평가 항목을 포함하여 지휘관이 적시 적절하게 지휘결심을 했는지에 대해 평가 후 피드백하고, 이를 보완해야 한다.

여기서 중요한 것은 평상시부터 지휘관이 하급자와 원활한 소통과 부단한 교육훈련을 통해 하급자의 역량을 파악하고 있어야 한다는 것이다. 앞에서 제시한 맞춤형 훈련체계로 훈련하고 또 훈련하여 하급자의 지휘 역량을 파악하는 것이 무엇보다 중요하다. 이를 통해 주기적이고 반복적으로 하급자에게 부족한 역량을 키워 줄 때 임무형 지휘의 실효성은 제고될 것이다.

이러한 임무형 지휘에 숙달한 상태에서 상황 변화에 기민한 한국형 비대칭 공세적 동시 전략을 수립해야 한다. 미·중 전략적 경쟁 속의 한반도 및 동아시아가 처한 전략 환경을 현실주의 관점에서 냉철하게 분석한 후 한반도 작전전구KTO 환경에 부합하는 개념, 수단, 방법이 포함된 한국형 공세적 비대칭 동시 전략 개발이 긴요하다. 한국군이 전술前述한 대로 전통적 군사혁신의 한계점에 봉착한 측면은 있지만, 현재 한국군의 능력을 너무 자조적으로 볼 필요는 없다. 자주국방력을 갖추기 위해 1970년대 초부터 번개사업을 시작으로 본격적으로 전력 증강 사업인 율곡사업을 추진하였고, 30여 년간 국방개혁을 추진하면서 전통적 군사혁신의 한계점을 경험했지만 재래식 전력으로는 세계 군사력 6위 수준의 첨단과학 기술군으로서의 모습을 차츰 갖춰 가고 있기 때문이다.

이처럼 어느 정도 수준의 첨단과학 기술군으로서의 역량을 구비하고 있는 한국군이 비대칭성에 집중하여 첨단 능력과 재래식 능력을 High-Low 믹스 개념으로 효율적으로 융합하여 확보해 나간다면, 적의 급소를 찌르는 비대칭 공세적 동시 전략을 구사할 수 있을 것이다. 이러한 비대칭 공세적 동시 전략은 과거와 같이 순차접근[16]에만 치중하여 적 중심에 순차적으로 접근하는 게 아니라, 다차원 공간에서 동시에 적 중심으로 접근할 수 있는 첨단 능력을 확보한 한국군이기에 가능하다는 것이다. 즉 한반도라는 전략적 내선의 이점을 적극적으로 활용한다면, 북한의 위협과 주변국의 위협을 비대칭 공세적 동시 접근에 의한 전략을 통해 효율적으로 제거할 수 있다는

---

16) 동시 접근과 순차 접근은 본질적인 차이가 있다. 다차원 공간에서 적의 중심을 동시에 지향하는 것이 동시 접근이다. 우리가 사용하고 있는 직접 접근과 간접 접근은 모두 상대의 배후(종심)을 지향하기 위해 적의 저항을 하나씩 순차적으로 제거해 나가는 것으로, 시·공간을 고려한 물리적 관점에서 '순차 접근의 범주' 속한다.

의미이기도 하다.

　결론적으로, 현실주의적 관점에서 한국의 엄중한 전략 환경에 대한 냉철한 상황 인식과 평가를 바탕으로 북한 위협과 주변국 위협을 동시에 전방위적으로 대비하기 위해서는 전쟁 수행 능력의 강화에 기반한 '실전 기반 억제' 전략[17]에 바탕을 둔 비대칭 공세적 동시 전략을 개발해 나가야 한다. 이는 현실주의 관점에서의 실질적인 한국형 비대칭 공세적 군사전략으로서 북한과 주변국 위협에 대해 전략의 비대칭성을 확보하는 출발점이 될 것이다. 이를 토대로 미래 전장에서 초연결 기반의 전 영역 동시통합작전 수행에 필요한 한국적 군사전략을 심화·발전시켜 '전략의 비대칭성'을 더욱 극대화해 나가야 할 것이다.[18]

## 4. (시·공간의 비대칭성) OODA 주기를 SEAL 개념으로 전환 후 실질적인 전 영역 동시통합작전 수행 능력 확보

　전장 자체의 폭과 종심이 좁고 주변에 싸울 적잠재적 위협 포함으로 에워싸인 작전 환경에서는, 시간의 비대칭성에서 압도적인 우위를 확보해야지 인명 피해를 최소화한 상태에서 전쟁 승리를 보장할 수 있다.

---

17) 박창희, "한국의 '신 군사전략' 개념: 전쟁 수행 중심의 '실전 기반 억제,'" 『국가전략』 (제17권 제3호, 2011).

18) 한국전략문제연구소(KRIS) 전문가들은, 미래 지상작전 기본개념을 '전 영역 비대칭 접근 거부 및 공세적 대응', '모자이크전 개념에 의한 지상작전 수행' 등으로 제시하면서 '비대칭적이고 공세적인 한국형 전략' 구사를 강조하고 있다. 한국전략문제연구소 (KRIS), 『Army TIGER 전력이 적용된 개념군 구상을 위한 Army TIGER 2050 개념군 (Conceptual Army) 연구』(육군미래혁신연구센터, 2022), pp.82~93.

'국방혁신 4.0'을 통해 추진 중인 유·무인 복합체계 중심의 미래 전장이 현실이 되면, 머신러닝을 통해 학습한 인공지능이 대량의 정보를 분석하고 지휘결심을 지원함에 따라 전투부대의 화력과 기동의 작전 템포는 급속히 증가될 것이다.[19] 이런 미래 전장 상황에서 한국군은 시간의 비대칭성을 향상시키기 위해 OODA 주기처럼 순차적으로 진행되는 것이 아니라, OODA 각 요소가 거의 동시에 상호 교차하며 신속하게 작전을 수행하는 SEAL 개념[20]으로 전환해 나가야 한다.[21] 즉 과거에는 관찰Observe, 판단Orient, 결심Decide, 행동Act으로 이어지는 일련의 과정이 순차적으로 진행되었다면, 미래 전장에서는 이것이 통합되어 감지Sense, 탐색Explore, 행동Act, 학습Learn이 동시에 이루어지는 방식으로 전환해 나가야 시간의 비대칭성에서 압도적 우위를 점할 수 있는 것이다.[22]

---

19) 황태석, "인공지능의 군사적 활용 가능성과 과제," 『한국군사학논총』(제76권 3집, 2020), p.14.
20) SEAL : Sense, Explore, Act, Learn(감지, 탐색, 행동, 학습)
21) 박창희·양욱, 『미래 전장에서 승리하기 위한 육군전략 발전 방향』, 2021. p.62.
22) 박창희·양욱, 위의 책, p.62.; Satyendra Rana, "Decision Intelligence Frameworks — OODA Loop vs SEAL," *Diwo*, May 2, 2020.

## 〈그림 5-1〉 OODA 주기에서 SEAL로 전환

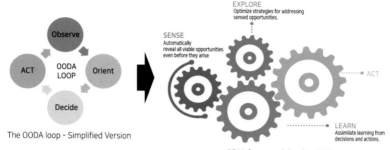

The OODA loop - Simplified Version

SENSE
Automatically reveal all viable opportunities even before they arise

EXPLORE
Optimize strategies for addressing sensed opportunities.

ACT

LEARN
Assimilate learning from decisions and actions.

SEAL framework by diwo LLC

\* 출처: 박창희·양욱, 『미래 전장에서 승리하기 위한 육군전략 발전 방향』, p.62

SEAL에서 감지는 OODA 주기상에서 관찰과 판단을 통합한 것으로 볼 수 있으며, 탐색은 OODA 주기에서 결심에 해당하는 것으로 감지한 결과를 포착하기 위해 최적의 전략을 결정하는 단계이다. 행동은 OODA 루프상에서의 행동과 동일하며, 학습은 OODA 주기에는 없는 것으로 탐색과 행동의 결과를 가지고 교훈을 도출하고 상황을 새롭게 인식하는 것을 의미한다.[23]

지능 우세[24]에 기반한 지능화 전쟁을 준비하고 있는 한국군이 전광석화電光石火 같이 전쟁을 수행하여 인명 피해를 최소화한 상태에서 최대 효과를 달성하기 위해서는 순차적인 OODA 주기가 아닌 SEAL 개념과 같이 동시적이고 동기화된 전쟁 및 작전수행체계를 구축해 시간의 비대칭성에서 압도적 우위를 점해야 할 것이다.

---

23) 박창희·양욱, 위의 책, p.63.

24) 지능화 전쟁에서 지능 우세가 무엇인지 아직 명확히 정의되지 않고 있다. 다만, 지능 우세란 인공지능 및 자율체계를 군사기술에 접목하여 적보다 앞선 판단과 결심을 통해 효과적으로 전쟁 및 작전을 수행하는 것을 의미한다. 박창희·양욱, 앞의 책, pp.61~62.

또한, 공간의 비대칭성 관점에서 볼 때, 지상·해양·공중 영역뿐 아니라 사이버 전자기 스펙트럼·우주·인지 영역까지 확장된 전장 영역은 전 영역 통합작전 수행 능력을 확보해 나가고 있는 한국군에게 기회 요인임이 틀림없다. 진행 중인 러·우 전쟁은 우주·사이버 전자기 스펙트럼 영역에 기반한 전 영역 작전을 효과적으로 수행해야 북한과 주변국의 다중 복합 위협을 동시에 대응할 수 있다는 것을 시사한다.[25]

한국도 누리호 발사 이후 세계적 수준을 따라가기 위해 국가 차원에서 경쟁적으로 개발하고 있는 우주 영역뿐 아니라, 사이버 전자기 스펙트럼 영역에도 정책적 관심을 쏟을 필요가 있다. 전 영역 작전을 성공적으로 수행하기 위해서는 <그림 5-2>에서 보는 바와 같이 상호 교차되어 운영되는 모든 전장을 최대한 효율적으로 활용해야 하기 때문이다. 특히 새로운 전장 영역으로 등장한 우주 영역과 함께 사이버 전자기 스펙트럼 영역까지 융·복합하여 모든 전장 영역을 효율적으로 운영해야 북한 및 주변국에 대한 비대칭적 우위를 점할 수 있기 때문이다.[26] 우선 사이버 분야와 전자기 스펙트럼 분야가 분리되어 전투 효율성이 저하되고 있는 한국군은, 이를 사이버 전자기 스펙트럼 분야로 융·복합하여 전투 효율성을 제고해 나가는 작업부터

---

25) 북한에서 사이버 능력은 핵, 미사일과 함께 인민군의 3대 수단으로 간주되며, 사이버 전력은 핵·미사일, 게릴라전과 함께 북한의 3대 비대칭 전력으로 평가받고 있다. 이러한 관점에서 북한의 김정은 노동당 제1비서는 "사이버전이 핵, 미사일과 함께 인민군대의 무자비한 타격 능력을 담보하는 만능의 보검"이라고 언급하며 사이버전의 중요성을 강조하였다. 김상배 엮음, 『사이버 안보의 국가전략』(서울: ㈜사회평론아카데미, 2017), p.17.
26) 대한민국 육군·국가과학기술연구회, 『미래전의 게임체인저 III(제6차 Korean Mad Scientist Conference 자료집)』(충남계룡: 국방출판지원단, 2022), pp.153~230.

시작해야 한다.[27] 더 나아가 전투 효율성의 극대화를 위해 사이버, 전자기 스펙트럼, 인지 영역을 융·복합한 사이버 전자기 스펙트럼 인지작전이 가능한 작전 수행 역량을 갖춘다면 전투 효율성이 극대화되어 공간의 비대칭성을 더욱 극대화시켜 줄 것으로 기대한다.

<그림 5-2> 상호 교차된 전 전장 영역

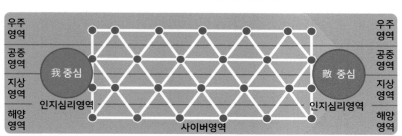

* 출처: 국방부, 『국방비전 2050』(2021), p.54.

한미동맹, UN 전력 제공국, 빅테크의 우주와 사이버 전자기 스펙트럼 자산은 한국군의 작전 수행 능력을 극대화시켜 줄 것이다. 이번 러·우 전쟁은 민군 자산 융합의 시너지 효과, UN 전력 제공국을 비롯한 서방 세계의 지원 자산과의 시너지 효과가 얼마나 중요한지를 우리에게 알려주기 때문이다. 이러한 시너지 효과를 극대화하기 위해서는 평상시부터 한국군이 사이버 분야와 전자기 스펙트럼 분야 무기나 장비의 상호 호환성을 높이는 하드웨어적인 노력과 함께 연습과 훈련을 반복하며 효율적인 임무 수행 시스템을 갖춰 나가는 소프트

---

27) 세부 내용은 최병철 ETRI 보안취약점분석연구실장 육군 전자기 스펙트럼 발전 세미나 발표 내용을 참고. 최병철, "전자기 스펙트럼작전 고도화를 위한 사이버 전자전 핵심 기술 개발 방안," 『육군 전자기 스펙트럼 발전 세미나 자료집』(충남 계룡: 육군본부, 2022.10.27.)

웨어적인 노력이 병행되어야 할 것이다. 물론 이렇게 서로 다른 플랫폼의 상호 운용성을 기반으로 전투 효율성의 시너지 효과를 극대화하기 위해서는 상호 정보를 공유하는 데이터 플랫폼[28] 구축이 선행되어야 한다.

---

28) 데이터 플랫폼이란 용량이 크고 복잡한 동적 데이터를 대상으로 분석을 수행해야 하는 서비스와 기술로 구성된 에코 시스템으로, 다양한 기능을 내장한 여러 가지 툴(Tool)이 포함되어 있으며, 예측 분석과 데이터 시각화부터 자연어와 콘텐츠 분석 등이 대표적인 예이다. 최명진·박헌규, "민군 겸용 데이터 플랫폼 구축,"『2022 미래 지상작전 개념 구현을 위한 지상군 전투 발전 세미나』(육군교육사령부, 2022), pp.59~83.

결론 :
'국방혁신 4.0'에
'주는 함의

# 제6장

# 결론 : '국방혁신 4.0'에
# 주는 함의

21세기의 인류는 초연결·초지능·초융합 메가 트렌드의 4차 산업 혁명 대전환기를 맞이하고 있다. 여기에 코로나19 팬데믹, 미·중 전략적 경쟁, 러시아 우크라이나 전쟁 등이 겹쳐 그야말로 전대미문의 대변혁 시대가 왔다.[1] 대변혁의 파고를 어떻게 대처하며 미래를 준비하느냐에 따라 21세기 국가의 흥망성쇠가 결정될 것이다.[2]

ICT 강국인 한국에게 4차 산업혁명 시대는 도전보다 기회가 상대적으로 더 많은 호기好機임에 틀림없다. 강대국들이 정해 놓은 규칙대로 움직이는 전술 국가에서 우리만의 판을 만들어 선도하는 전략

---

1) 김태현 국방대 교수는, 복잡하고 불안정한 대한민국의 안보 환경에 자강력의 강화가 중요하다고 다음과 같이 강조한다. 그는, "대한민국이 직면하게 될 안보 환경은 다양한 이해당사자들의 노골적인 국가 이익 추구로 인해 더욱 복잡하고 불안정하며, 불확실하게 발전하고 있다는 점을 현실적으로 인식하고 국가 생존을 담보하기 위해 자강력을 강화하는 데 주안을 두어야 한다"라고 말한다. 김태현, "2022년 남북 군사관계의 전망과 정책적 고려사항,"『KDI 북한경제리뷰』(2022년 2월호), pp.42~43.

2) 신성철, "[AI-META 시대 '미래전략'] <31> 과학기술,"『전자신문』, 2022.8.18., https://www.etnews.com/20220815000030 (검색일 : 2022.8.21.)

국가로 도약할 기회가 온 것이다.[3]

이런 맥락에서 한국군도 전략 국가 도약을 위한 발판을 마련하기 위해 미래 전쟁의 새로운 게임 체인저 개발에 부단히 힘써야 한다. 지금까지의 논의를 종합해 볼 때, 미래 전쟁의 새로운 게임 체인저 개발을 위해서 한국군은 북한의 위협과 함께 주변 4대 강국으로 둘러싸인 전략적 환경 속에서 상대적 약자에게 유리한 비대칭성에 주목할 필요가 있다. 외부 위협에 대칭적이고 사후적으로 대응하는 전통적 군사혁신만으로는 최단기간 내 최소 희생으로 최대 효과 창출을 추구하는 새로운 전쟁의 패러다임에 부적합하기 때문이다.[4] 한국이 전략 국가, 특히 부국강병에 기초한 진정한 선진국[5]이 되기 위해 제2 창군 수준의 새로운 군사혁신 개념인 '비대칭성에 기반한 한국형 군사혁신 Asymmetric K-RMA' 개념으로 '국방혁신 4.0'을 단행해야 하는 이유가 여기에 있다. 우크라이나와 중국의 비대칭성 기반 군사혁신 사례를 통해 전략적 접근 방안을 제시했듯, 한국이 적의 급소를 찔러 온전한 승

---

3) "문명의 전환기, 선진국 될 기회 왔다", 『The Science Times』, 2021.9.23., https://www.sciencetimes.co.kr/news/%EB%AC%B8%EB%AA%85%EC%9D%98-%EC%A0%84%ED%99%98%EA%B8%B0-%EC%84%A0%EC%A7%84%EA%B5%AD-%EB%90%A0-%EA%B8%B0%ED%9A%8C-%EC%99%94%EB%8B%A4/ (검색일: 2022.11.1.)

4) 여기서 비대칭성(비대칭적 조치)을 강조하는 것은 군사력의 균형을 유지하기 위한 대칭적 조치(대칭성)가 무의미하다는 것을 의미하지 않는다. 군사력 균형을 위한 대칭적 조치로는 고유의 효과를 지니고 있으나, 최단기간 내 최소 희생으로 최대 효과를 창출을 추구하는 새로운 전쟁 패러다임에는 그 효과가 부족하여 대안으로 비대칭성에 주목해야 한다는 것이다.

5) 2021년 유엔무역개발회의(UNCTAD)는 만장일치로 한국을 개발도상국에서 선진국으로 격상했다. 유엔무역개발회의 창설 이래 개발도상국에서 선진국으로 탈바꿈한 최초 나라로 많은 개도국의 부러움을 사고 있다. https://www.etnews.com/20220815000030 (검색일 : 2022.8.21.)

리를 추구하는 '비대칭성 기반의 한국형 군사혁신Asymmetric K-RMA' 을 추구해 나간다면 최단기간 내 최소 희생으로 최대 효과를 창출할 수 있을 것이다.

이때 우리는 우리의 상대인 적을 올바르게 분명히 인식하고 강·약 점을 분석해야 한다. 전 세계가 현재 기술력 경쟁에 뛰어들고 있지만, 북한의 혁신은 단순히 기술력 개발에 그치기보다는 이를 전략적 방향성과 연계 억제력을 극대화하는 점에 그 특징이 있다. 비록 제한된 재원과 낮은 기술력을 보유하고 있지만, 전략적 효과를 극대화하고 자신들의 협상에 유리한 방향으로 활용한다는 차원에서 주목할 필요가 있다. 오늘날 기술력은 억제력의 핵심 요소이다. 특히 북한의 경우 기술 수준이 월등하게 높은 한미동맹을 상대로 대등한 협상을 전개할 수 있도록 공세적인 억제력을 확보하기 위해 끈질기게 노력을 전개하고 있다. 북한이 절대적인 열세 속에서도 잠재 적국의 급소와 취약점을 찾아 이를 위협한다는 점은 매우 놀라운 일이 아닐 수 없다.[6]

우리는 이러한 북한의 강점과 약점을 올바로 인식한 상태에서 한국군이 미래 전쟁의 게임 체인저로 활용할 '비대칭성 기반의 한국형 군사혁신Asymmetric K-RMA'에 성공하여 '적이 감히 싸움을 걸어오지 못하게 하는 강한 군대'[7]로 도약해 나가야 한다. 이를 위해 반드시 실현해야 할 필요조건 다섯 가지를 제시하고자 한다.

첫째, 존 미어샤이머John Joseph Mearsheime가 지적했듯이 세계에

---

6) 홍규덕, 앞의 논문(2019), p.218.

7) 尹대통령 "軍, 제2의 창군 수준 변화해야…싸워 이기는 강군으로," 『머니투데이』, 2023.5.11. https://news.mt.co.kr/mtview.php?no=2023051111264048716(검색일 : 2023.5.23.)

서 최악의 지정학적 위치에 있는 한국군은[8], 북한과 주변국의 핵심 취약점인 급소를 찌를 수 있도록 첨단기술 기반의 질적 군사력 건설에 매진하여 수단의 비대칭성을 극대화해야 한다. IT 강국 한국은 이제 지정학地政學[9]의 시대가 아니라 기정학技政學의 시대가 도래했다는 미래학자들의 분석에서 희망을 찾을 수 있기 때문이다.[10] 기정학의 시대를 주도할 질적 비대칭 전력에 기반한 첨단과학 기술군으로 도약한다면, 북한의 실체적 위협뿐 아니라 주변국의 잠재적 위협에 동시 대응할 수 있는 실질적인 역량을 갖출 수 있을 것이다.

---

8) https://www.joongang.co.kr/article/6377491#home (검색일 : 2023.5.27.)

9) 국제문제 연구가 김동기는, "지정학은 강대국들이 자국의 이익을 확대하기 위한 도구였다. 그들에게 중요한 건 오로지 현실적 국익이었다. 우리가 지정학에서 얻어야 할 교훈은 바로 이것이다. 정작 강대국들은 현실적 이익을 위해 전략을 구사하는데 왜 한반도는 현실적 이익이 아닌 이념적 반목과 역사적 질곡에 갇혀 있는가? 이제는 한반도도 냉철하게 한반도에게 최선의 이익이 무엇인가를 인식하고, 그 이익을 위해 남북한이 관계를 맺고, 나아가 다른 국가들과 관계를 맺어야 한다. 다극화되어 가는 국제 현실에서 복수의 강대국과 다양한 관계를 맺을 수밖에 없다. 바로 이 때문에 지정학적 역사를 반추하고 한반도의 역사를 새롭게 인식해야 한다. 지정학적 리얼리즘에 기초해 한반도의 이익을 극대화하는 길을 찾아야 한다"라고 강조한다. 김동기, 『지정학의 힘』(경기 파주: 아카넷, 2020), pp.337~338.

10) 미래학자 이광형 KAIST 총장은 『카이스트 미래전략 2023』의 추천사에서, "국가 간의 지정학적(Geo-political) 관점에서 기정학적(Techno-political) 관점으로 전환되었다고 할 만합니다. 특히, 우리나라는 심화하는 미국과 중국 간의 기술 패권 경쟁의 한가운데 서 있습니다. 반도체, 배터리, 그리고 통신 분야에서 세계적 기술력을 자랑하는 우리나라이지만, 이들 분야의 첨단기술력을 놓치지 말아야 하고 기술 주권의 중요성도 되새겨야 하는 이유입니다. 현재의 국가전략 기술로 평가되고 있는 반도체나 배터리를 넘어선 미래의 국가전략 기술 확보에 대한 선제적 고민과 대응이 더 필요한 이유이기도 합니다"라고 기정학 시대 도래를 강조한다. KAIST 문술미래전략대학원 미래전략연구센터, 『카이스트 미래전략 2023- 기정학(技政學)의 시대, 누가 21세기 기술 패권을 차지할 것인가?』(경기 파주: 김영사, 2022), pp.10~11.; "미래는 지정학 아닌 기정학의 시대," 『중앙일보』, 2021.10.14., https://www.joongang.co.kr/article/25014679#home (검색일 : 2022.1.15.)

지금 당장 한국이 북한과 주변국을 상대로 우선 확보해야 할 비대칭 전력은 다음 4가지다. ① 우선, 수단의 비대칭성 극대화를 위해 유인 전투원 중심에서 병력을 절감하면서도 최소 피해로 전투 효율성을 극대화하여 전승全勝을 보장할 수 있는 유·무인 복합 전투체계, 더 나아가 무인 전투체계 중심의 전장을 구축하는 데 집중해야 한다.[11] 이런 맥락에서 현재 '국방혁신 4.0' 추진 과제 중 하나인 유·무인 복합 전투체계 구축을 추진하고 있는 것은 다행이다. 특히 인구 절벽이 상수[12]가 된 미래 사회에 대응하기 위해서는 육군에서 추진하고 있는 미래 지상 유·무인 복합 전투체계인 Army TIGER의 추진이 더욱 요구되는 시점이다. 미래 온전한 합동성 발휘를 보장하는 합동 전투력 발휘 측면에서도 시급하게 추진해야 할 한국군의 군사혁신 과제 중 하나임이 틀림없다. ② 다음으로 시·공간의 비대칭성 극대화를 위해서는 결심 주기OODA 주기를 단축시키기 위해 C4I 및 ISR

---

11) 김민석 前 국방부 대변인(現 중앙일보 군사안보연구소 선임위원)은 다음과 같이 유·무인 복합 전투체계의 조기 구축 필요성을 강조한다. "국내 방산업체들이 혁신적인 무인체계를 경쟁적으로 개발하고 있다는 점을 확인했다. 군 당국도 미국과 중국 등 세계적인 추세에 맞춰 무인체계 개발에 속도를 낼 필요가 있다. AI 기반 무인체계를 확보하기 위해 이번 정부가 추진 중인 국방혁신 4.0에 기대를 걸어본다." 김민석, "북한군 총알에 끄떡없다…한국판 '트랜스포머 로봇' 보니 [김민석 배틀그라운드]", 『중앙일보』, 2022.9.4., https://n.news.naver.com/article/025/0003221352?cds=news_my (검색일: 2022.9.9.)

12) 디펜스 2040' 세미나에 참석한 전문가들은, 인구 감소는 가장 중요하고 확실한 '상수'라고 강조했다. 동북아 정세 변화, 4차 산업혁명, AI 기술 발달 등으로 인해 군에서는 이를 반영한 장기적인 구조 개편을 추진 중인 것으로 알려졌는데, 이에 맞춰 개편하더라도 사람이 없는데 무슨 소용이냐는 거다. "인구절벽, 중요한 국방 이슈…병력 구조 리모델링 시급," 『KBS News』, 2022.4.14., https://news.kbs.co.kr/news/view.do?ncd=5440209 (검색일: 2022.11.1.); 국방부, 『공개용 2022년 후반기 전군 주요 지휘관 회의록』(국방부 정책실, 2022.12.21.), p.31-14.

제6장 결론 : '국방혁신 4.0'에 주는 함의

227

자산 확보가 필요하며, 다영역 작전 수행을 위한 우주·사이버전 수행 능력 확보가 긴요하다. ③ 또한, 감시정찰, 전자전, 통신, 타격 수단 등으로 다양하게 활용할 수 있는 드론을 확보하여 저가 맞춤형 무기체계로 활용하는 방안을 강구해야 한다. ④ 끝으로, 미국의 키리버 Keir Lieber와 다릴프레스 Daryl Press가 2017년 4월 International Security에 기고한 논문에서 기술력에 입각한 대응 공격 counterforce 의 역량을 개발함으로써 북한의 위협을 압도할 수 있다는 주장에 주목할 필요가 있다.[13] 두 중견 학자는 카네기 프로젝트의 연구 결과를 정리한 논문에서 데이터 센싱의 고도화에 따라 북한의 전역을 감시할 수 있는 능력이 급속히 발달하게 되면 기상 및 지형과 관계없이 100%에 가까운 감시 능력을 확보할 수 있고 북한의 이동식 발사대 TEL의 궤적 정보 파악이 가능해진다고 주장한다. 이러한 기술적 진보에 의한 무기체계와 감시체계를 구축하는 노력이 비대칭성 전력을 확보하는 우선 과제 중 하나가 되어야 한다.

둘째, 세계에서 지능이 가장 뛰어난 나라 중 하나인 한국의 군대가 주체의 비대칭성 극대화를 위해 국가급 인재를 활용할 수 있길 기대한다.[14] 한국은 그 어떤 나라보다 각 분야의 인재들이 많다. 특히

---

13) Keir Lieber and Daryl Press, "The New Era of Counterforce: Technological Change and Nuclear Deterrence," *International Security*, Vol. 41, No. 4 (2017), pp. 9~41.

14) 북아일랜드 얼스터대학의 리차드 린 박사와 핀란드 탐페르대학의 타투 반하넨 박사가 공동저술하여 2002년에 출판된 연구보고서인 『IQ와 국가의 부』에서 IQ 세계 1위는 홍콩, 2위는 대한민국으로 평가했다. 『위키백과』, https://ko.m.wikipedia.org/wiki/IQ%EC%99%80_%EA%B5%AD%EA%B0%80%EC%9D%98_%EB%B6%80 (검색일: 2023.5.27.)

4차 산업혁명 시대에 걸맞은 과학기술 인재들이 도처에 있다. 미래학자들이 주장하듯, 미래 전쟁이 무인체계 중심의 전장으로 변화할지라도 결국 그 전투체계를 운용하는 인간human factor이 전쟁의 승패를 좌우하기 때문에 한국군에게 인재의 활용 및 육성은 그 무엇보다 중요하다. 앞으로 한국군이 미래 전략 리더십[15]을 갖춘 과학기술 분야 국가 엘리트들을 군에서 활용할 수 있는 시스템을 정착시켜 적극적으로 활용하여 주체의 비대칭성을 극대화할 때, 미래 전쟁의 게임 체인저로서 '비대칭성 기반 한국형 군사혁신Asymmetric K-RMA'의 완전성은 더욱 높아질 것으로 확신한다. 특히 디지털 대전환 시대를 맞이하여 수립된 '대한민국 디지털 전략'[16]을 감안할 때, 디지털 역량

---

15) "미래 전략 리더십 중요. 문명적 대변혁에 따른 리더십도 필요하다. 첫째, 모든 조직의 리더는 미래에 펼쳐질 급속한 변화를 예측해 이에 대응하는 미래 전략을 입안하고 실천하는 '미래 예측 전략' 리더십이 중요해진다. 미래 변화에 대응해 위기를 극복하고 기회를 만들어 갈 수 있어야 한다. 이로 인해 미래 예측과 미래 전략을 연구하는 미래학에 대한 이해가 리더십의 필수 역량이 될 것이다. 둘째, 휴머니즘이 강화되므로 스스로 정직과 고귀한 가치 실현을 솔선수범하며 조직원 역량을 최대한 발휘하게 하고 함께 소통하고 협력해 최대한 성과를 도출하기 위한 '공감 소통' 리더십이 중요해진다. 즉 포스트 코로나 문명적 대변혁으로 AI 메타버스 시대가 도래함에 따라 급속한 변화에 대응할 수 있는 미래 예측 전략 리더십과 힘을 모아 변화를 기회로 만들어 갈 수 있는 공감 소통 리더십이 필요한 시대다." https://www.etnews.com/20220701000021 (검색일: 2022.8.21.)

16) 과기정통부는 대통령이 주재한 제8차 비상경제민생회의('22.9.28.)에서 범정부 '대한민국 디지털 전략'을 발표했다. 디지털 전략에는 "다시 도약하고, 함께 잘사는 디지털 경제 구현"을 전략의 목표로 하고, ① 세계 최고의 인공지능 경쟁력 확보, ② 디지털 신산업 육성 및 규제 혁신, ③ 디지털 보편권 확립, ④ 디지털 경제사회 기본법제 마련, ⑤ 민간이 주도하는 디지털 혁신 문화 조성을 주요 추진 과제로 수립했다.
디지털 전략을 통해 우리나라는 '27년 세계 3대 인공지능 강국 및 글로벌 3위권의 디지털 경쟁력(IMD)을 보유한 국가로 도약하고, 국내 데이터 시장은 지금보다 2배 이상 커진 50조 원, 디지털 유니콘 기업도 100개 이상('22년 23개) 육성할 수 있을 것으로 기대하고 있다.
과기정통부, "『대한민국 디지털 전략』 수립 보고", 국무회의 구두보고 자료('22.10.5.).

Digital Intelligence Quotient 디지털 지능[17], Digital Literacy 디지털 문해력[18]을 갖춘 인재 육성이 시급한 국가 차원의 과제임에 틀림없다.[19]

현재의 반도체·배터리 산업을 고도화하는 데 디지털 기술은 핵심적인 역할을 할 수 있다. 이러한 디지털 인재들은 안보 분야에서 혁신적인 성과를 낼 수 있을 것이다. 미래 반도체[20]는 인공지능 반도체가 될 것이 명확하다. 10년 후에는 인공지능 반도체를 잘 만드는 나라가 세계를 호령하게 될 것이다. 한편, 소총·전차·자주포·함정·전투기 등도 디지털 기술에 의해서 현저하게 성능을 향상시킬 수 있다.[21]

---

17) 디지털 지능(Digital Intelligence Quotient)은 윤리적으로 디지털 기술을 이해하고 이용하는 능력이며, 테크니컬 스킬과 디지털 시민윤리, 두 가지를 통합하는 능력이다. [김지수의 인터스텔라] "기술이 아이를 공격한다... IQ보다 DQ 디지털 지능 키워야", 『조선일보』, 2022.5.14. https://biz.chosun.com/notice/interstellar/2022/05/14/EOU2TYULSRFEROP33BADJCXLAI/ (검색일: 2022.10.9.)

18) 디지털 리터러시(digital literacy) 또는 디지털 문해력은 디지털 플랫폼의 다양한 미디어를 접하면서 명확한 정보를 찾고, 평가하고, 조합하는 개인의 능력을 뜻한다. 『위키백과』, https://ko.wikipedia.org/wiki/%EB%94%94%EC%A7%80%ED%84%B8_%EB%A6%AC%ED%84%B0%EB%9F%AC%EC%8B%9C (검색일: 2022.10.9.)

19) 지식경제 시대는 글로벌 인재 경쟁의 시대(War for talents)로서, 한 나라의 국가 경쟁력은 창의성과 전문성을 갖춘 핵심 인재를 얼마나 확보하고 잘 활용하느냐에 달려있다고 할 수 있다. 모든 분야, 다양한 수준의 인재가 중요하겠으나, 글로벌 차원의 과학기술 및 정책 경쟁의 최일선에 있는 고급 인재의 국제 이동이 점점 더 활발해지는 추세이다. 국내외를 망라하여 우리의 정책 대상이자 주체로서 유의미한 글로벌 인재풀(Global brain pool)을 확보하는 일은 우리의 미래를 위해 각별히 중요하다. 우천식 등 8명, 『창조 경제를 위한 한국의 글로벌 인재망 구축: 현황과 주요 정책에 관한 기반 연구』(세종특별자치시: 한국개발연구원, 2014).

20) 미래 반도체는 학습 데이터를 단시간에 받아들이고 처리하기 위해서 필요한 특별한 프로세서를 말한다.

21) 이광형, "1년 과정 학위로 디지털 인재 100만 양성하자," 『중앙일보』, 2022.10.24., https://www.joongang.co.kr/article/25111536#home (검색일: 2022.10.25)

셋째, 한국군은 평시부터 인지의 비대칭성 확보를 위해 인지전 수행 능력을 극대화하기 위한 다양한 대책을 강구하고 훈련을 거듭해야 한다. 군 차원뿐 아니라 국가 차원에서 공보작전을 어떻게 수행해야 할지에 대한 종합적인 대책 수립 및 시행이 시급하다. 이를 기초로 종합적이고 체계적으로 준비해 나가야 한다. 또한, 각종 보안 대책과 상충하지 않는 범위 내에서 군에서도 페이스북, 유튜브, 트위터 등 각종 SNS를 어떻게 활성화할 것인지에 대한 고민도 필요하다.

이때 북한은 자유민주주의 국가의 중심인 여론을 공략하여 반전 여론을 조성하고 한미동맹을 이간질하는 정치전 기반 인지전을 전개하여 왔다는 데 주목하고, 이에 대한 대비책도 병행해서 강구해야 한다. 이러한 북한의 정치전 기반 인지전은 한반도 문제에서 미국이 손을 떼도록 하는 데 목적을 둔다. 미군이 철수한 상태 또는 적어도 미군의 추가 개입이 없는 남북 간 양자 대결이라면 북한이 해볼 만한 도박이라고 판단할 수 있는 것이다.[22]

넷째, 전략·전술의 비대칭성을 극대화하기 위해 현실주의에 바탕을 둔 한국적 군사사상에 기반하여[23] 한반도 작전전구KTO 환경에 부합하는 '한국판 비대칭 공세 전략' 개발을 강조하고자 한다. 한국판 비대칭 공세 전략은 적들의 급소를 찾아 한국군의 강점으로 급소를 찔러 적들이 감히 도전할 수 없도록 하는 비대칭 공세 전략이어야 한

---

22) 김태현, 앞의 논문(2017), p.153.
23) 현실주의에 기반한 한국적 군사사상에 대해서는 다음 책을 참고했다. 박창희, 『한국의 군사사상－전통의 단절과 근대성의 왜곡』(서울: 도서출판 플래닛미디어, 2020).

다.[24] 물론 우리가 첨단과학기술에 기반한 예측 불가능한 비대칭 전략이라면 적과 전략의 비대칭성이 극대화될 것이다.[25] 러·우 전쟁에서의 우크라이나처럼 한국도 세계에서 최악의 지정학적 위치에 놓인 국가 중 하나다. 우리의 주적인 북한군의 실체적 위협이 점증하고 있을 뿐 아니라 주변국의 잠재적 위협도 실체적 위협으로 위협의 강도가 더욱 높아지고 있기 때문이다.

여기서 군사적 관점에서 볼 때, 우리는 중국의 위협도 이제는 잠재적 위협을 넘어 실체적 위협으로 다가오고 있다는 데 주목할 필요가 있다.[26] 북한의 급변 사태나 유사시 개입이 변수가 아닌 상수가 된 중국 위협까지 철저하게 대비해야 하기 때문이다. 윤석열 대통령이 지난 9월 25일<sub>현지 시각</sub> CNN과의 인터뷰에서 대만 문제와 관련, "대만 주변에서 군사적 분쟁이 생길 경우 북한의 도발 가능성도 증대할

---

24) 홍규덕은 한국판 비대칭 전략을 갖추기 위해 "첨단 무기의 획득에만 의존하기보다는 북한의 급소를 찾고, 그들이 감히 도전할 수 없도록 공세적 전략을 찾아야 하며 한국판 상쇄전략을 마련하거나 우리만의 특성을 최대한 살린 억제정책을 확보하는 노력이 그 어느 때보다 필요하다"라고 강조한다. 홍규덕, 앞의 논문(2019), p.219.

25) 김대식 KAIST 교수는 "초대형 전략 시뮬레이션, 인공지능, 게임 이론으로 무장한 우리의 미래 안보 전략은 그들에게 더욱 예측 불가능해져야 한다"라고 강조하며 첨단과학기술에 기반한 예측 불가능한 비대칭 전략을 주문한다. [김대식의 브레인 스토리] [196] 우리도 예측 불가능해져야 한다. 『조선일보』 2016.7.14., http://premium.chosun.com/site/data/html_dir/2016/07/14/2016071400562.html (검색일 : 2022.10.1.)

26) 이창형은 중국의 실체적 위협을 강조한다. "미국과 중국이 치열하게 패권을 다투고 있는 상황에서 한국이 북한만 위협으로 치부할 수 없는 환경에 처하게 되었다. 이제 중국은 잠재적 위협에서 점차 실체적 위협으로 다가오고 있고, 해양과 공중에서는 때로 충돌 직전으로 치닫는 경우도 있다. 중국이 한국에 대해 정치공작을 더욱 본격화하는 이유도 여기에 있다. 한미동맹을 약화시켜야 하고, 반중 감정과 정책을 포기시키고 친중적인 정부를 수립해야 할 필요가 있기 때문이다." 케리 거샤넥 지음(이창형·임다빈 옮김), 『중국은 지금도 전쟁을 하고 있다』(강원도 홍천: GDC 미디어, 2021), p.11.

가능성이 있다"[27]라고 강조하듯, 중국의 대만에 대한 위협과 북한의 도발은 역학적으로 연계되어 있다. 따라서 '중국에 의한 대만에서의 위기 발생 시 주한미군 중 일부가 양안 사태에 개입하게 될 경우 한반도 내 한미연합군 전력의 공백이 발생한다'라고 김정은이 오판하여 도발을 획책할 가능성까지 한국군은 철저하게 대비해야 한다.[28]

그런데 전술前述한 것처럼, 이것은 분명히 지정학의 시대에서는 최악의 상황인지 몰라도 기정학 시대의 전략 국가로 성장할 수 있는 한국에게는 기회의 창이 될 수 있을 것이다. 질적 첨단 비대칭 전력에 기초하여 한반도라는 전략적 내선의 이점을 극대화할 독창적인 한국판 비대칭 공세 전략을 구사한다면 충분한 기회로 활용할 수 있기 때문이다. 기정학 시대의 전략 국가로서의 위상에 걸맞게 다음 2가지 가정을 기초로 전략이 수립된다면 그 실효성은 더욱 증대될 것이다. ① 우선, 첨단과학 기술군으로 도약적 변혁에 성공하여 과거와 달리 적의 중심에 '순차적인 접근'이 아니라 지상, 해양, 공중, 우주, 사이버, 인지 영역으로 동시에 접근하여 적 중심을 마비시킬 수 있다. ② 다음

---

27) 尹대통령 "대만 분쟁 시 北 도발 가능성 증대…北위협 대응 우선"(종합), 『연합뉴스』, 2022.9.26. https://www.yna.co.kr/view/AKR20220925057052071?input=1195 m (검색일:2022.9.26.)

28) 일본도 대만 유사시에 대비한 계획을 발전시키고 있다. 자위대가 중국의 대만 침공 등 유사 사태에 대비해 미군과의 소통과 통합 운용 능력 강화를 위해 2024년을 목표로 통합사령부와 통합사령관을 신설하기로 했다고 니혼게이자이신문(닛케이)이 30일 보도했다. "대만 침공 등 대비"…일본, 미군과 소통할 통합사령부 만든다, 『중앙일보』, 2022.10.31. https://www.joongang.co.kr/article/25113464#home (검색일: 2022.11.1.),
2023년 방위백서에서도, 중국군의 위압적 군사 활동으로 국제사회의 안전과 번영에 불가결한 대만해협의 평화와 안전에 대한 국제사회의 우려가 고조된다고 분석하고 있다. 防衛省, 『令和 5 年版　日本の防衛　－防衛白書』, 2023年 7月.

으로, 북한의 실체적 위협뿐 아니라 주변국의 잠재적 위협을 동시에 상정한 복합 위협에 대해 신속·동시 결전으로 최단기간 내에 최소 희생, 최대 효과로 온전하게 승리하여 국가를 방위할 수 있다.

이러한 '한국판 비대칭 공세 전략'에 기반하여 전략기반 전력기획[29]이 정상적으로 추진된다면 앞서 설명한 첨단기술 기반 질적 군사력 건설도 좀 더 실효성이 높아질 것이다.

다섯째, 비대칭성 기반의 한국형 군사혁신Asymmetric K-RMA을 추구해 나아가야 할 한국군 군인들은 군사혁신의 사도Apostle로서 창의적인 연결과 융합의 대가인 세종대왕과 이순신 장군을 본보기Role Model로 삼아야 한다. 4차 산업혁명 시대는 연결과 융합이 수시로 발생하기에 창의성과 특이성Singulality의 대가가 더욱 강조되어야 하기 때문이다. 세종대왕과 이순신 장군은 창조적 융합의 대가였다. 세종대왕은 천문天文, 인문人文, 지문地文 등 다양한 학문을 연결하고 융합하여 과학기술의 르네상스 시대를 이끌었다. 이순신 장군은 기존의 전투용 거북선을 더 효과적인 새로운 돌격선으로 탈바꿈시켰고, 기존의 육상 전술이었던 학익진을 거북선과 연결하여 시너지 효과를 극대화함으로써 연전연승할 수 있었다.[30] 이는 통섭統攝의 산물이었다.

더욱이 연결과 융합은 비대칭성 기반 군사혁신의 메커니즘과 맞닿아 있다. 적의 급소를 찌르기 위해 비대칭성에 집중하면서 수단·주체의 비대칭성, 인지의 비대칭성, 전략·전술의 비대칭성, 시·공간의 비

---

29) 전략기반 전력기획에 대해서는 다음 논문을 참고했다. 박창희, "'전략기반 전력기획'과 한국군의 전력구조 개편 방안,"『국방정책연구』(제34권 제2호, 2018).

30) 노병천,『세종처럼 이순신처럼』(서울: 밥북, 2022), pp.87~99.

대칭성을 균형 있게 연결하고 융합해야 비로소 전쟁 패러다임의 혁명적 변화를 추구할 수 있기 때문이다. 따라서 4차 산업혁명 시대 비대칭성 기반 군사혁신의 주역이 될 한국군 간부들은 창의력을 함양하고 새로운 상황에 부딪혀서도 이를 헤쳐나갈 통섭Consilience의 리더가 되도록 노력해야 한다.

전술前述한 5가지를 실현하며 '비대칭성 기반의 한국형 군사혁신 Asymmetric K-RMA'의 완전성을 갖추어 나가는 것만큼 중요한 것은 지속적인 군사혁신을 추구해야 한다는 것을 강조하지 않을 수 없다. 지금까지의 군사혁신 관련 수많은 연구는 지배적인 군사적 우위가 단시간에 사라질 수 있음을 알려준다.[31] 1918년 당시 가장 발전된 해군 항공부대였던 영국 해군 항공대가 제2차 세계대전 때는 미국뿐 아니라 일본 해군 항공대에 뒤처졌던 것이나, 제2차 세계대전 직후 미국의 핵 독점 상태가 곧바로 종료되었던 게 좋은 예다.[32]

창조적 파괴는 국가의 존재 이유다. 국가가 창조적 파괴를 두려워 머뭇거린다면 국가는 쇠락할 것이다. 창조적 파괴는 군살을 빼는 일이고, 썩은 살을 도려내고, 암을 제거하여 새살을 돋게 하는 과정이다. 그 과정은 인기가 없다. 변혁적 리더십만이 할 수 있다.[33] 한국이

---

31) "제아무리 최상의 전략과 전술, 기술을 보유하고 있더라도 최초의 혁신가들에게 무한한 우위를 제공한 군사혁명은 지금까지 단 한 차례도 없었다. 경쟁자들은 결국 혁신을 모방하고, 직접 생산하거나 얻을 수 없는 것들의 효과를 반감시킬 수 있는 전술이나 기술을 개발해내기 마련이다." 맥스 부트(송대범·한태영 옮김), 『전쟁이 만든 신세계』(서울: 플래닛 미디어, 2008), p.61.

32) 앤드루 크레피네비치·배리 와츠 지음(이동훈 옮김), 『제국의 전략가』(경기도 파주: 살림출판사, 2019), p.332.

33) 윤일원, 『부자는 사회주의를 꿈꾼다』(대구: 도서출판 피서산장, 2022), pp.270~271.

부국강병에 기초한 진정한 선진국[34]이 되기 위해 제2의 창군 수준으로 '국방혁신 4.0'을 단행해야 하는 이유가 여기에 있다. 실패를 두려워하지 않는 창의적 전문 인재[35]로 구성된 전략적 리더[36]들이 추진하는 '국방혁신 4.0'이 현대판 다윗과 골리앗의 전쟁에서 효과를 검증해 주고 있는 수단·주체, 인지, 전략, 시·공간의 '비대칭성 극대화'에 초점을 두고 추진되길 기대한다.

이제 우리 한국군은 지금까지의 잘못된 점에 대해 따져 보고 반성과 성찰[37]을 기반으로 지식과 경험이 축적된 교육훈련 혁신 플랫

---

34) 지난해 유엔무역개발회의(UNCTAD)는 만장일치로 한국을 개발도상국에서 선진국으로 격상했다. 유엔무역 개발회의 창설 이래 개발도상국에서 선진국으로 탈바꿈한 최초 나라로 많은 개도국의 부러움을 사고 있다. https://www.etnews.com/20220815000030 (검색일 : 2022.8.21.)

35) 세계 최대 인적자원(HR) 분야 포럼인 '글로벌인재포럼 2022'에서 각계각층의 오피니언 리더로 구성된 94명의 연사는 "대전환 시대를 맞아 전문 인재 확보가 절실하다"라고 이구동성으로 주장했다. "두려움 느끼면 창의성 실종…아이들 실패할 수 있게 내버려둬라," 『한국경제』, 2022.11.5. https://www.hankyung.com/society/article/2022110477701 (검색일: 2022.11.6.)

36) 리더십 전문가 노병천은 대한민국 국민들이 전략적 리더가 되어야 한다고 주장한다. "우리는 미래를 예측하고 선제적으로 대비하는 전략적 리더가 되어야 한다. 리더의 역할 중에 가장 중요한 역할이 있다면 '미래를 예측'하는 일이다. 미래를 제대로 예측하지 못하면 지금 무엇을, 어떻게 준비해야 할지 모르기 때문이다. 피터 드러커가 말한 대로 미래를 예측하는 가장 좋은 방법은 직접 미래를 창조하는 것이다. 미래를 창조하기 위해서는 그런 전략을 구상할 수 있는 전략가가 필요하다. 우리는 미래 메가 트렌드를 정확하게 읽고 우리가 원하는 미래를 창조해 나가는 전략적 안목을 키워 나가야 한다." 노병천, 앞의 책, p.118.

37) 김진현 전 과기처 장관은, 2022년 8월 사단법인 미래학회 특별강연에서 대한민국의 진정한 발전을 위해 진솔하게 성찰하고 자기반성할 것을 다음과 같이 강조했다. "대한민국 국민 모두가 진솔하고 솔직한 성찰과 자기반성을 기록으로 남겨 후손들에게 거울이 되게 해야 한다. 더 나아가 이러한 진솔한 경험들이 수렴되고 발열되어 국가 정체성으로 승화되길 바라며, 대한민국 국민 모두가 인류 새 문명 창조의 선구자가 되는 사명감을 가져야 한다." 사단법인 미래학회 8월 월간 세미나('22.8.19.); 김진현 전 장관은

폼[38]이 임무형 지휘를 뿌리내리게 하고, '비대칭성 기반의 한국형 군사혁신Asymmetric K-RMA'을 적극적으로 추진하여 진정한 자주국방을 구현해 나가야 한다.[39]

자서전에서도, 대한민국이 진정한 선진국이 되기 위해서는 성찰하고 반성하고 이를 기록으로 후대에 남겨야 한다고 강조한다. 김진현, 『대한민국 성찰의 기록』(경기 파주: 나남출판사, 2022)

38) 주은식 한국전략문제연구소(KRIS) 소장은, 국방혁신 4.0의 핵심은 교육훈련 혁신이 되어야 한다고 강조한다. 주은식, "장성급 인사와 국방개혁 유감," 『내일신문』, 2022.12.6. ; 홍규덕 숙명여대 명예교수도 2022년 한일군사문화학회 학술대회('22.12.14.)에서, "러시아 우크라이나 전쟁을 볼 때, 한국군은 인간(human factor)의 능력에 대해 지금보다 더 강조하고 철저하게 훈련하고 준비해야 전승의 기초를 마련할 수 있다는 것을 쉽게 알 수 있다. 전투원들의 사기와 훈련이 전승에 미치는 영향은 지대하다. 따라서 한국군은 교육혁신에 더욱 매진해야 한다"라고 교육훈련 혁신을 강조했다.

39) 조영길, 『자주국방의 길』(서울: 도서출판 플래닛미디어, 2019), pp.427~429.

# 에필로그

『손자병법』허실虛實편에는 '무소불비 무소불과無所不備 無所不寡'
란 말이 있다. 이는 "준비하지 않은 곳이 없게 하고자 하면 부족하지
않은 곳이 없다"라는 말이다. 모든 분야를 완벽하게 추진하려고 하
면 결국 전반적인 부실을 초래하는 결과가 올 수 있다는 의미를 담고
있다. 손자는 이 말을 통해 전쟁 원칙 중 집중의 원칙이 얼마나 중요
한지를 설파하고자 했다. 이는 국가와 군사전략을 수립할 때 제한된
자원과 전투력을 선택적으로 집중하는 것이 얼마나 중요한지를 알려
준다.

선택과 집중의 관점에서 볼 때, 현재 한국군이 대대적인 혁신을 단
행하기 위해 군사혁신RMA 개념으로 추진 중인 '국방혁신 4.0'이 과연
성과를 거두고 있는가? 추진 전략 중 하나로 '선택과 집중' 전략을 채
택하고 있다지만, 추진 방식이 전통적인 군사혁신으로 진행되어 그동
안 실패를 거듭해온 국방개혁의 전철을 다시 밟고 있지는 않은지, 적
의 핵심 취약점인 급소急所를 지향하며 속도감 있게 효과적으로 추
진되고 있는지 등을 다시 한번 면밀하게 검토해 봐야 한다.

중국군이나 우크라이나군처럼 전통적인 군사혁신 개념보다 비교적 짧은 시간에 효과적인 성과를 창출할 수 있도록, 비대칭성에 천착 穿鑿하여 적의 급소를 찌르는 '비대칭성 기반의 한국형 군사혁신 Asymmetric K-RMA' 개념으로 '국방혁신 4.0' 추진을 보완하여 추진 동력을 높여 나갈지를 고민해야 한다.

최근 언론 인터뷰에서 김관진 국방혁신위원회 부위원장님은 "국방혁신 4.0 추진의 적기"라고 말하면서도 "김정은 전쟁 발언을 허풍이라고 치부해선 안 된다"라고 강조할 정도로 한반도에서의 위기가 고조되는 상황이기에 더욱 그러하다. 지금 당장이라도 우리 대한민국은 군사혁신으로 무장한 선진 정예 강군으로 적이 도발하면 처절하게 응징할 준비와 더불어 유사시 싸우면 반드시 승리할 준비가 되어야 한다. 이를 위해 '비대칭성 기반의 한국형 군사혁신 Asymmetric K-RMA' 개념으로 '국방혁신 4.0' 추진을 속도감 있게 보완하여 적이 감히 넘볼 수 없는 강군으로서의 위용을 드높여야 한다는 것을 강조하고 싶다.

필자가 4년여 동안 자기 성찰적 연구자 Introspective Researcher로서 군사혁신의 본질을 탐구하여 미래 혁신적 관점에서 제안한 '비대칭성 기반의 한국형 군사혁신 Asymmetric K-RMA'이 국방혁신 4.0 추진의 '비밀코드'가 되길 간절히 소망하며 이 책을 발간하게 되었다.

이 책이 세상에 나오기까지 각별하게 물심양면으로 도움을 주신 분들에게 감사의 마음을 전하지 않을 수 없다.

먼저 이 책이 탄생하는 데 직접적으로 도움을 주신 세 분에게 감사의 마음을 전한다. 첫째, 건양대학교 군사학과 박사과정 시절 탁월한 지도를 통해 이 책이 탄생하는 데 가장 큰 도움을 주신 군사혁신 연구의 대가 건양대학교 군사학과 박사과정 이종호 지도교수님께 깊이 감사드리며, 영광스러운 정년퇴임을 진심으로 축하드린다. 둘째, 위관 시절부터 군 생활의 스승님으로서 필자의 군사적 혜안과 통찰력을 기를 수 있도록 세심하게 지도해 주시고 이 책에 대한 감수와 추천사로 질적 수준을 높여 주신 주은식 한국전략문제연구소장님께도 깊은 존경과 감사의 뜻을 표한다. 셋째, 박사학위 논문을 작성할 때부터 정성 어린 기도와 초안의 오탈자까지 일일이 찾아 첨삭을 도와준 아내에게 감사하지 않을 수 없다.

다음으로 독자가 많지 않은 군사학 전문 서적의 출판을 흔쾌히 수락해 주신 박정태 광문각출판사 회장님과 세심한 부분까지 정성껏 편집해 주신 편집부 관계자분들에게 깊은 감사의 마음을 전한다.

끝으로 생도 시절부터 몸소 실천하셨던 '위국헌신 군인본분爲國獻身 軍人本分'의 안중근 정신과 '필사즉생 필생즉사 必死則生 必生則死'의 이순신 정신을 물려 주셨고 2002년 2월 2일 결혼식 주례를 맡아 주셨던 고 황규만 장군님께 충심 어린 감사와 존경의 뜻을 전하며 이 책을 장군님의 영전에 바친다.

2024년 2월 17일
부국강병에 기반한 선진 대한민국을 소망하며

# 참고문헌

## 1. 단행본

### 가. 국내

- 고봉준·마틴 반 크레벨드·이근욱·이수형·이장욱·케이틀린 탈매지, 『미래전쟁과 육군력』, 경기 파주: (주)한울엠플러스, 2017.
- KAIST 문술미래전략대학원 미래전략연구센터, 『카이스트 미래전략 2023 - 기정학(技政學)의 시대, 누가 21세기 기술 패권을 차지할 것인가?』, 경기 파주: 김영사, 2022.
- 권태영·노훈, 『21세기 군사혁신과 미래전』, 서울: 법문사, 2008.
- 권태영·노훈, 『21세기 군사혁신의 명암과 우리군의 선택』, 서울: 전광, 2009.
- 권태영·박창권, 『한국군의 비대칭전략 개념과 접근 방책(국방정책연구 보고서(06-01))』, 서울: 한국전략문제연구소(KRIS), 2006.
- 국방부, 『국방비전 2050』, 충남 계룡: 국방출판지원단, 2021.
- 국방부, 『공개용 2022년 후반기 전군주요지휘관 회의록』, 국방부 정책실, 2022.12.21.
- 군사학연구회, 『군사학 개론』, 서울; 도서출판 플래닛미디어, 2014.
- 김강녕 외 2명, 『러시아·우크라이나 전쟁: 배경·전개·시사점』(한국해양전략연구소 22-13, 2022)
- 김기수, 『후진타오의 이노베이터 시진핑 리더십』, 서울: 석탑출판, 2012.
- 김동기, 『지정학의 힘』, 경기 파주: 아카넷, 2020.
- 김상배 엮음, 『사이버 안보의 국가전략』, 서울: ㈜사회평론아카데미, 2017.

- 김진현,『대한민국 성찰의 기록』, 경기 파주: 나남출판사, 2022.
- 김호성,『중국 국방 혁신』, 서울: 매경출판(주), 2022.
- 노병천,『세종처럼 이순신처럼』, 서울: 밥북, 2022.
- 대한민국 육군·국가과학기술연구회,『미래전의 게임체인저 III (제6차 Korean Mad Scientist Conference 자료집)』, 충남 계룡: 국방출판지원단, 2022.
- 맥매스터(Herbert Raymond McMaster)(우진하 옮김),『배틀 그라운드: 끝나지 않는 전쟁, 자유세계를 위한 싸움(Battlegrounds: The Fight to Defend the Free World)』, 경기 파주: ㈜교유당, 202
- 맥스 부트(송대범·한태영 옮김),『전쟁이 만든 신세계』, 서울: 플래닛 미디어, 2008.
- 박병광,『중국인민해방군 현대화에 관한 연구』, 서울: 사단법인 국가안보전략연구원, 2019.
- 박상섭,『테크놀러지와 전쟁의 역사』, 서울: 아카넷, 2018.
- 박정훈,『약자들의 전쟁법』, 서울: 어크로스, 2017.
- 박창희,『군사전략론』, 서울: 도서출판 플래닛미디어, 2019.
- 박창희,『한국의 군사사상－전통의 단절과 근대성의 왜곡』, 서울: 도서출판 플래닛미디어, 2020.
- 박창희·양욱,『미래전장에서 승리하기 위한 육군전략 발전방향』, 한국국방정책학회, 2021.
- 서용석,『超불확실성 시대의 미래전략』(대전: KAIST 문술미래전략대학원, 2021)
- 손자 저(김광수 역),『(밀리터리 클래식-01) 손자병법』, 서울: 책세상, 1999.
- 송태은,『러시아－우크라이나 전쟁의 정보심리전: 평가와 함의(IFANS 주요국제문제분석 2022-12)』, 서울: 국립외교원 외교안보연구소, 2022

- 송태은, 『러시아-우크라이나 전쟁의 사이버전: 평가와 함의(IFANS 주요국제문제분석 2022-19)』, 서울: 국립외교원 외교안보연구소, 2022.
- 앤드루 크레피네비치·배리 와츠 지음(이동훈 옮김), 『제국의 전략가』, 경기도 파주: 살림출판사, 2019.
- 앨빈 토플러 지음 (이규행 옮김), 『제3의 물결』, 서울: 한국경제신문사, 1991.
- 우천식 등 8명, 『창조경제를 위한 한국의 글로벌 인재망 구축: 현황과 주요 정책에 관한 기반 연구』, 세종특별자치시: 한국개발연구원(KDI), 2014.
- 육군군사연구소, 『러시아와 우크라이나의 국방개혁과 새로운 전쟁』(충남 계룡: 국군인쇄창, 2019), p.133.
- 육군미래혁신연구센터, 『군사혁신 사고과정 정립』, 충남 계룡: 국군인쇄창, 2020.
- 육군미래혁신연구센터, 『이스라엘 군사혁신의 한국 육군 적용 방향』, 충남 계룡: 국방출판지원단, 2021.
- 육군본부, 『'19~'33 육군전략서 수정1호』, 충남 계룡: 국군인쇄창, 2021.
- 육군본부, 『2022 육군 초연결·초융합 기반환경 발전 세미나 자료집』(정보화기획참모부, 2022.11.10.)
- 육군본부, 『변화와 혁신을 위한 여정, 그리고 육군의 미래』(충남 계룡: 국방출판지원단, 2022)
- 육군본부, 『육군비전 2050 수정1호』, 충남 계룡: 국방출판지원단, 2022.
- 육군본부, 『육군 전자기스펙트럼 발전 세미나 자료집』, 충남 계룡: 국방출판지원단, 2022.10.27.
- 윤일원, 『부자는 사회주의를 꿈꾼다』, 대구: 도서출판 피서산장, 2022.
- 이상국, 『중국의 지능화 전쟁 대비 실태와 시사점』, 서울: 한국국방연구원 연구보고서, 2019.

- 이창형, 『중국인민해방군』, 강원도 홍천군: GDC Media, 2021.
- 이해영, 『우크라이나 전쟁과 신세계 질서』, 경기 파주: 사계절, 2023.
- 정연봉, 『한국의 군사혁신(Revoution in Military Affairs)』, 서울: 도서출판 플래닛미디어, 2021.
- 정춘일, 『과학기술 강군을 향한 국방혁신 4.0의 비전과 방책』, 대구: 도서출판 행복에너지, 2022.
- 제20대 대통령직인수위원회, 『윤석열정부 110대 국정과제』, 2022.
- 조영길, 『자주국방의 길』, 서울: 도서출판 플래닛미디어, 2019.
- 차영구·황병무, 『국방전책의 이론과 실제』, 서울: 도서출판 오름, 2002.
- 차오량(喬良)·왕상수이(王湘穗) 공저, 이정곤 옮김, 『초한전(超限戰)』, 서울: 교우미디어, 2021.
- 최진석, 『최진석의 대한민국 읽기』, 서울: ㈜북루덴스, 2021.
- 케리 거샤넥 지음(이창형·임다빈 옮김), 『중국은 지금도 전쟁을 하고 있다』, 강원도 홍천: GDC 미디어, 2021.
- 한국전략문제연구소(KRIS), 『Army TIGER 전력이 적용된 개념군 구상을 위한 Army TIGER 2050 개념군(Conceptual Army) 연구』, 육군미래혁신연구센터, 2022.
- 한국행정연구원, 『미래공공인력의 전략적 양성을 위한 국가공무원인재개발원 혁신방안 연구』(세종: 경제·인문사회연구회, 2021)
- 합동군사대학교, 『'22년 전반기 합동 세미나(합동성 차원에서 평가한 러시아 우크라이나 전쟁)』, 대전: 국방출판지원단자운대반, 2022.
- 합동군사대학교, 『러시아-우크라이나 전쟁 분석-군사적(합동성) 관점에서의 전훈 분석 및 함의』, 충남 계룡: 국방출판지원단, 2022.
- 합동군사대학교, 『전략의 원천』, 충남 계룡: 국군인쇄창, 2020.

## 나. 국외

- Bruce W. Bennet, Christopher P. Twomey, and Gregory F. Treverton, What Are Asymmetric Strategies? (Santa Monica, CA: RAND, 1999)
- Dennis M. Drew and Donald M. Snow, Making Twenty-First-Century Strategy: An Introduction to Modern National Security Processes and Problems (Maxwell Air Force Base, AL: Air University Press, 2006)
- Edward Waltz, Information Warfare: Principals and Operations (London: Artech House, 1998)
- Richad O. Hundly, Past Revolutions Future Transformations; What can the history of revolutions in military affairs tell us about transforming the U. S. military? (Washington, D. C.: National Defense Research Institute, RAND, 1999)
- 野中 郁次郎 等,『戦略の本質：戦史に学ぶ逆転のリーダーシップ 』(日本経済新聞社, 2008)
- 防衛省,『令和 5 年版　日本の防衛 －防衛白書』(2023年 7月)

## 2. 논문

### 가. 국내

- 권태영, "21세기 한국적 군사혁신과 국방개혁 추진,"『전략연구』, 제35호, 2005.
- 김경순, "러시아의 하이브리드전: 우크라이나 사태를 중심으로,"『한국군사』, 제4호, 2018.

- 김성진, "러시아 안보정책의 변화: 주요 안보문서를 중심으로,"『슬라브학보』, 제33권 제2호, 2018.
- 김성우, "비대칭전 주요 사례 연구,"『융합보안 논문지』, 제16권 제6호, 2016.
- 김태현, "2022년 남북 군사관계의 전망과 정책적 고려사항,"『KDI 북한경제리뷰』, 2022년 2월호.
- 김태현, "북한의 공세적 군사전략: 지속과 변화,"『국방정책연구』, 제33권 제1호 통권 제115호, 2017.
- 박종관·정재호, "북극, 냉전시대의 희귀 '신냉전' 군사·안보공간으로 확대되나?,"『KIMS Periscope 제205호』(한국해양전략연구소, 2022)
- 박창희, "러시아의 우크라이나 침공과 전쟁의 패러독스: 군사적 관점에서의 사전(Preliminary) 분석,"『한국해양전략연구소 Issue Focus』(한국해양전략연구소, 2022.4)
- 박창희, "비대칭 전략에 관한 이론적 고찰,"『국방정책연구』, 제24권 제1호, 2008년 봄(통권 제79호).
- 박창희, "'전략기반 전력기획'과 한국군의 전력구조 개편 방안,"『국방정책연구』(제34권 제2호, 2018)
- 박창희, "중국인민해방군의 군사혁신(RMA)과 군현대화,"『국방연구』, 제50권 제1호, 2007.
- 박창희, "한국의 신군사전략 개념: 전쟁수행 중심의 실전 기반 억제,"『국가전략』, 제17권 3호, 2011.
- 박헌규, "합참의 NCW 구현을 위한 상호운용성 업무 추진방향,"『합참』, 제32호, 2007.
- 박휘락, "국방개혁에 있어서 변화의 집중성과 점증성: 미군 변혁(transformation)의 함의,"『국방연구』, 제51권 제1호, 2008.
- 신종필, "북한의 제4세대 전쟁에 대한 한국군 대응방안,"『군사연구』, 제151집, 2021.

- 신치범, "비대칭성 창출 기반의 군사력 건설 관점에서 본 러시아 우크라이나 전쟁 – 1단계 작전(개전∼D+40일)을 중심으로–,"『한국군사학논총』, 제11집, 제2권, 2022.
- 신희현, "임무형 지휘에 기초한 우크라이나군의 분권화 전투 연구,"『문화기술의 융합』, 제8권, 제4호, 2022.
- 우평균, "러시아의 국방개혁: 성과와 시사점,"『중소연구』, 제40권, 제2호, 2016.
- 윤지원, "러시아 국방개혁의 구조적 특성과 지속성에 대한 고찰: 푸틴 4기 재집권과 국가안보전략을 중심으로,"『세계지역연구논총』, 제36집, 제3호, 2018.
- 이경훈, "러시아 총참모대 출신 전문가가 본 러시아–우크라이나 전쟁,"『월간조선 5월호』, 조선일보사, 2022.
- 이은재, "동시방위전략 구현을 위한 '드론戰' 수행개념,"『군사혁신저널(Army FIT)』, 제7호, 2022.
- 이종호, "군사혁신의 전략적 성공요인으로 본 국방개혁의 방향: 주요 선진국 사례와 한국의국방개혁", 충남대학교 군사학 박사논문, 2011.
- 이창인, "다영역 초연결의 전쟁수행방법 연구-21세기 주요 분쟁과 전쟁 사례를 중심으로–," 건양대학교 군사학 박사논문, 2022.
- 이홍석, "중국 강군몽 추진 동향과 전략,"『중소연구』, 제44권 제2호, 2020.
- 임철균, "북한의 비대칭전략에 대한 대응방안 연구,"『군사연구』, 제141집, 2016.
- 정춘일, "4차 산업혁명과 한국적 군사혁신,"『한국군사』, 제6호, 2019.
- 정연봉, "베트남전 이후 미 육군의 군사혁신(RMA)이 한국 육군의 군사혁신에 주는 함의,"『군사연구』, 제147집, 2019.
- 정춘일, "이스라엘 군사혁신과 한국군에의 시사점,"『전략연구』, 제28권 제1호, 2021.

- 주은식, "러시아 국가안보 전략 평가와 영향: 러시아–우크라이나 전쟁에서의 성과 평가,"『전략연구』(제29권 제2호, 통권 제87호, 2022.7)
- 진호영, "역대 정부의 국방개혁 추진실태 분석: 부대구조를 중심으로,"『미완의 국방개혁, 성과와 향후 과제 제2차 세종국방포럼 결과』, 세종연구소, '21.12.22.
- 차정미, "4차 산업혁명시대 중국의 군사혁신 연구: 군사지능화와 군민융합(CMI) 강화를 중심으로,"『국가안보와 전략』, 제20권 1호, 2020.
- 차정미, "시진핑 시대 중국의 군사혁신 연구: 육군의 군사혁신 전략을 중심으로,"『국제정치논총』, 제61집 1호, 2021.
- 참여연대, "국방개혁 2.0 평가,"『참여연대 이슈리포트』, 참여연대 평화군축센터, 2018.
- 차원준, "육군의 AI기반 유·무인 복합 전투체계 발전; Army TIGER!,"『DX–K 2022 제8회 미래 지상군 발전 국제 심포지엄 발표 자료집(AI 기반 유무인 복합 전투체계와 다영역 작전을 위한 육군의 대비방향 A Way Ahead of the ROK Army for AI–Based Manned–Unmanned Complex Combat Systemsand Multi–Domain Operations)』, 서울: 한국국가전략연구소, 2022.
- 최명진·박헌규, "민·군 겸용 데이터 플랫폼 구축 방안,"『2022 미래 지상작전 개념 구현을 위한 지상군 전투발전 세미나』, 육군교육사령부, 2022.
- 최병욱, "국방개혁 추진, 어떻게 해야 하나?: 탈 냉전시대 미 육군의 개혁사례와 교훈,"『국방정책연구』, 제35권 제2호 통권 제124호, 2019.
- 홍규덕, "국방개혁 추진, 이대로 좋은가?: 논의의 활성화를 위한 제언,"『전략연구』, 제23권 제1호, 2016.
- 홍규덕, "한국의 국방개혁 과제 2030,"『신아세아』, 제26권 제3호 통권 100호, 2019.
- 황태석, "인공지능의 군사적 활용 가능성과 과제,"『한국군사학논총』제76권 3집, 2020.

## 나. 국외

- Frank G. Hoggman, "The Contemporary Spectrum of Conflict: Protracted, Gray Zone, Ambiguous, and Hybrid Modes of War," 2016 Index of U.S. Military Strength, The Heritage Founfation, 2016.

- Irving B.Weiner & W. Edward Craighead, The Corsini Encyclopedia of Psychology (New Jersey: John Wiley & Sons, Inc., 2010)

- Ivan Arreguin-Toft, "How the Weak Win Wars: A Theory of Asymmetric Conflict," International Security, Vol.26, No.1(2001).

- Michael Breen and Joshua A. Geltzer, "Asymmetric Strategies as Strategies of the Strong," Paraments, Vol.41, Issue 1(2011).

- Roger N. McDermott, "Does Russia have a Gerasimov doctrine?," Parameter, Vol.46, No.1, 2016.

- Satyendra Rana, "Decision Intelligence Frameworks: OODA Loop vs SEAL," Diwo, May 2, 2020.

- Sergey Chekinov and S. Bogdanov, "The nature and Content of a New-Generation War," Military Thought(October-December 2013)

- Vincent J. Goulding, Jr., "Back to the Future with Asymmetric Warfare," Parameters, Winter 2000-2001.

## 3. 기사

### 가. 국내

- https://scienceon.kisti.re.kr/srch/selectPORSrchArticle.do?cn=J AKO202015762902129&dbt=NART
  (검색일: 2021.12.1.)
- https://scienceon.kisti.re.kr/srch/selectPORSrchArticle.do?cn=J AKO202015762902129&dbt=NART
  (검색일: 2021.12.1.)
- https://m.blog.naver.com/phoebe0716/221356022038
  (검색일: 2021.12.2.)
- https://www.joongang.co.kr/article/6377491#home
  (검색일: 2023.5.27.)
- https://www.joongang.co.kr/article/25014679#home
  (검색일: 2022. 1. 15.)
- https://www.joongang.co.kr/article/25014679#home
  (검색일: 2022.1.15.)
- https://kookbang.dema.mil.kr/newsWeb/20200504/1/BBSMSTR_ 000000100097/view.do
  (검색일: 2022.2.5.)
- https://www.globalfirepower.com/countries-listing.php
  (검색일: 2022.4.5.)
- https://www.economist.com/europe/2022/03/01/cyber-attacks-on-ukraine-are-conspicuous-by-their-absence
  (검색일: 2022.4.8.)
- https://terms.naver.com/entry.naver?docId=6599288&cid=6034 4&categoryId=60344
  (검색일: 2022.4.11.)

- https://terms.naver.com/entry.naver?docId=6593510&cid=4366
  7&categoryId=43667
  (검색일: 2022.4.11.)
- https://ko.wikipedia.org/wiki/%EB%9D%BC%EC%8A%A4%ED
  %91%B8%ED%8B%B0%EC%B0%A8
  (검색일: 2022.4.20.)
- https://www.dailian.co.kr/news/view/1087571/
  (검색일: 2022.4.25.)
- https://www.yna.co.kr/view/MYH20220416008500038
  (검색일: 2022.5.21.)
- https://m.yna.co.kr/view/AKR20210522035500001
  (검색일: 2022.5.21.)
- https://www.yna.co.kr/view/MYH20220221009300038
  (검색일: 2022.5.29.)
- https://bemil.chosun.com/site/data/html_dir/2022/05/17/
  2022051701821.html?pan
  (검색일: 2022.5.30.)
- https://www.joongang.co.kr/article/25055431#home
  (검색일: 2022.5.30.)
- https://www.etnews.com/20220815000030
  (검색일: 2022.8.21.)
- https://www.sciencetimes.co.kr/news/시진핑-과학기술-혁신-양
  탄일성-강조/
  (검색일: 2022.9.9.)
- https://n.news.naver.com/article/016/0002050406?sid=104
  (검색일: 2022.10.9.)
- https://ko.wikipedia.org/wiki/%EB%94%94%EC%A7%80%ED%
  84%B8_%EB%A6%AC%ED%84%B0%EB%9F%AC%EC%8B%9C
  (검색일: 2023.5.27.)

- https://biz.chosun.com/notice/interstellar/2022/05/14/EOU2TYULSRFEROP33BADJCXLAI/

  (검색일: 2022.10.9.)
- https://www.joongang.co.kr/article/22283835#home

  (검색일: 2022.10.11..)
- https://www.semanticscholar.org/paper/Thinking-of-Revolution-in-Military-Affairs-(RMA).-a-Nordal/1f792860fb469b90224c3051f6cb028c561dcbaa

  (검색일: 2022.10.23.)
- https://www.joongang.co.kr/article/25111536#home

  (검색일: 2022.10.25)
- https://www.seoul.co.kr/news/newsView.php?id=20221022500053

  (검색일: 2022.10.30.)
- https://www.joongang.co.kr/article/25113464#home

  (검색일: 2022.11.1.)
- https://news.kbs.co.kr/news/view.do?ncd=5440209

  (검색일: 2022.11.1.)
- https://www.sciencetimes.co.kr/news/%EB%AC%B8%EB%AA%85%EC%9D%98-%EC%A0%84%ED%99%98%EA%B8%B0-%EC%84%A0%EC%A7%84%EA%B5%AD-%EB%90%A0-%EA%B8%B0%ED%9A%8C-%EC%99%94%EB%8B%A4/

  (검색일: 2022.11.1.)
- https://ko.m.wikipedia.org/wiki/IQ%EC%99%80_%EA%B5%AD%EA%B0%80%EC%9D%98_%EB%B6%80

  (검색일: 2022.11.23.)
- https://www.joongang.co.kr/article/25120552#home

  (검색일: 2022.11.27.)
- 주은식, "장성급 인사와 국방개혁 유감," 『내일신문』, 2022.12.6.

- https://www.youtube.com/watch?v=8EQQym9MKeY
  (검색일 : 2023.10.15.)

## 나. 국외

- Matt Burgess, Ukraine's Volunteer 'IT Army' is Hacking in Uncharted Territory," WIRED, 27 Feb 2022.
- Rina Glodenber, "Ukraine's IT Army: Who are the cyber guerrillas hacking Russia?" DW, 24 March 2022.
- Haye Kesteloo, "Drone, Delta and Elon Musk's Starlink Help Ukraine Military Fight Off Russian Army," Dronexl, 23 March, 2022.

# 부록

## 비대칭성 창출의 4대 핵심 요인에 관한 의견수렴

1. 전문가 선정

2. 설문지 양식

3. 표면적 타당성 결과 분석

# 1. 전문가 선정

가. 비대칭성 창출의 4대 핵심 요인의 효용성을 검증하기 위해 국내 전쟁, 국방정책, 군사전략, 군사혁신, 과학기술 전문가<sup>박사급</sup> 10명을 선정하였으며, 10명 모두에게 답변을 받았다.

나. 선정한 전문가는 다음과 같다.

| 전문가 | 전문 분야 | 학 위 | 기 타 |
|---|---|---|---|
| 주은식 예.장군 | 전쟁사, 국방정책 | 정치학 석사 | 한국전략문제연구소 KRIS 소장 국민대 정치대학원 겸임교수 |
| 차도완 교수 | 국방과학, 4차 산업혁명 | 공학 박사 | 배재대학교 드론로봇공학 교수 국방로봇학회 총무부회장 |
| 조남석 교수 | 국방운영분석/ 산업공학/M&S | 공학 박사 | 국방대학교 국방과학 교수 국방혁신 4.0 용역 연구 |
| 방준영 교수 | 국제정치, 군사사 | 정치학 박사 | 육군사관학교 일본지역학 교수 한일군사문화학회 총무이사 |
| 박동휘 교수 | 사이버전과 미래전, 전쟁사, 군사전략 | 공학 박사 | 육군3사관학교 교수 『사이버전의 모든 것』(진중문고) 저자 |
| 김호성 교수 | 군사혁신, 방위산업, 기술경영 | 공학 박사 | 창원대학교 첨단방위공학대학원 교수 『중국 국방혁신』 저자 |
| 김태권 교수 | 군사사, 리더십 | 군사학 박사 | 용인대학교 교수 |
| 김동민 박사 | 과학기술정책, 인력조직 | 군사학 박사 | 한국국방연구원(KIDA) 현역연구위원 |
| 강경일 박사 | 도시계획, 군 구조 | 공학 박사 | 前 아산정책연구원 연구원 군 구조 연구 |
| 정민섭 박사 | 군사혁신, 정보전 | 정치학 박사 | 북한의 독재와 권력구조를 연구한 『최고존엄』 저자 |

## 2. 설문지 양식

안녕하십니까? 육군미래혁신연구센터에서 근무 중인 신치범 중령입니다. 본 의견수렴은 새로운 군사혁신 개념으로 제시할 비대칭성 기반의 군사혁신 연구에 전문가 의견을 반영하고자 실시하게 되었습니다. 바쁘신 가운데 시간을 할애하여 지원해 주심에 깊이 감사드립니다. 듣고자 하는 의견은 비대칭성 창출의 4가지 핵심 요인에 대한 적절성 관련 사항입니다.

보내 주신 의견은 연구 목적으로만 사용할 것이며, 소중한 개인 정보는 절대 유출하지 않을 것을 약속드립니다.

연구자는 비대칭성에 관한 선행연구와 현재 진행되고 있는 러시아 우크라이나 전쟁(이하 러·우 전쟁)에서 우크라이나가 비대칭적으로 스마트하게 전쟁을 수행하는 것에 착안하여, 비대칭성 창출의 핵심 요인 4가지를 도출하여 연구를 진행 중입니다. 도출한 비대칭성 창출의 핵심 요인 4가지는 ① 수단·주체의 비대칭성, ② 인지의 비대칭성, ③ 전략·전술의 비대칭성, ④ 시·공간의 비대칭성입니다.

또한, 러·우 전쟁에서 우크라이나가 창출하는 비대칭성을 분석할 때, 비대칭성 창출의 4대 핵심 요인이 상호 작용하여 융·복합될 경우 그 효과성은 증대된다고 생각합니다.

1. 작성자 :

2. 전문분야(전공 분야, 병과 및 특기 등) :

Q1) 연구자가 도출한 비대칭성 창출의 4대 핵심 요인은 타당한가?
추가 및 보완할 사항은?

연구 결과 설명) ① 수단·주체의 비대칭성은 상대방과 다른 수단과 주체, 또는 상대가 예상치 못한 수단과 주체를 활용함으로써 상대에 비해 비대칭적 우위를 확보하는 것을 말한다. 여기서 수단과 주체를 함께 고려하는 것은, 수단과 이를 활용하는 주체는 전투력을 투사하는 떼려야 뗄 수 없는 하나의 플랫폼이기 때문이다.

② 인지의 비대칭성은 상대에 비해 인지 영역 Cognitive domain에서 비대칭적 우위를 확보하는 것을 말한다. 여기서 인지 영역은 사람의 의식과 생각으로 만들어지며 물리적 영역과 정보 기반 영역에서 제공된 정보를 바탕으로 조성된 보이지 않는 의식의 영역이다. 동시에 전쟁의 중심이 형성되는 근본 영역이며, 전쟁하는 상대가 서로 궁극적으로 파괴하거나 영향을 미치려는 영역이다.

③ 전략·전술의 비대칭성은 상대와 다르거나 상대가 예상치 못한 전략·전술, 즉 군사전략, 작전술, 또는 전술 등을 구사하는 것을 의미한다. 전략을 크게 직접 전략과 간접 전략으로 구분한다면 강자는 신속하고 결정적인 결과를 얻기 위해 직접적인 전략을, 약자는 강자가 추구하는 결정적인 전역 또는 전투를 회피하기 위해 간접적인 전략을 선택하게 된다. 강자가 전격전과 같이 공세적인 방법을 통해 군사적 승리를 추구하는 반면, 약자는 강자의 신속한 승리를 거부하기 위해 소모전 또는 지연전을 추구하고 적에 대해 군사적 승리보다는 정치적 효과를 거두는 데 주력할 것이다.

④ 시·공간의 비대칭성은 상대와 차별되는 결심 주기OODA 주기와 전장 공간에서의 비대칭적 우위를 확보하는 것을 의미한다. 전쟁이 발생하는 전투 현장에서 전투력과 함께 시간과 공간은 전투를 구성하는 3요소이다. 전쟁의 비대칭성을 분석할 때, 전략·전술적 측면에서 전투력을 운용하는 구체적인 방법의 비대칭성과 함께 전장을 구성하는 환경적 요인인 시간과 공간을 종합적으로 분석할 필요가 있다. 따라서 상대와 다른 차별화된 시간과 공간을 추구한다는 것은 중요한 요소가 아닐 수 없다.

Q2) 연구자는 비대칭성 창출의 4대 핵심 요인이 상호작용하여 융·복합될 때 비대칭성 창출의 효과성이 증대된다고 보는데, 타당한가? 추가 및 보완할 사항은?

Q3) 기타 비대칭성 창출 관련 연구에 도움이 될 만한 의견이 있으면 개진해 주시길 당부드립니다.

소중한 의견 보내 주심에 깊이 감사드립니다. 신치범 배상

## 3. 표면적 타당성 결과 분석

**Q1) 연구자가 도출한 비대칭성 창출의 4대 핵심 요인은 타당한가?
추가 및 보완할 사항은?**

이 질문에 대해 응답한 군사전문가<sup>박사</sup>들은 필자가 제시한 비대칭성 창출의 4대 핵심 요인에 대해 긍정적으로 평가했다. 특히 선행연구와 본질 탐구, 사례 분석을 통한 논리적 과정에 의한 도출에 대해 긍정적으로 평가했다. 단지, 좀 더 정교한 논리적 보강이 필요하다는 군사전문가들의 의견이 있어 본 논문에서 제시한 논리를 보강하는 작업을 추가했다.

또한, 필자가 본 연구를 하면서 한국군사학논총(제11집 제2권, '22년 6월)에 기고한 논문인 '비대칭성 창출의 군사력 건설 관점에서 본 러시아 우크라이나 전쟁'을 읽어 본 군사전문가는 기고 논문에서 제시했던 6대 핵심 요인(수단, 전략, 인지, 영역, 주체, 시간)을 4대 핵심 요인으로 심플화한 것에 대해 높이 평가했다. 따라서 비대칭성 창출의 4대 핵심 요인을 도출하는 논리적 과정을 정교화하는 추가 작업 과정에 전술(前述)한 필자의 기고 논문에서 제시한 '비대칭성 창출의 6대 핵심 요인을 4대 핵심 요인으로 추가적인 연구를 통해 보완했다'라는 설명을 보완했다.

그리고 추가 및 보완해야 할 사항으로 제시한 두 가지 의견에 대해서는 추후 연구과제로 남기고자 한다.

첫째, 핵심 요인에 '개념의 비대칭성'을 추가할 필요성에 대한 의견이 있었다. 이미 본 연구의 본문에서 제시한 전략·전술의 비대칭성 분석 요소에 싸우는 방법(戰法)을 포함하여 제시 후 분석했기 때문에 일정 수준의 개념의 비대칭성도 포함되어 있다고 판단하여 추가적인 연구를 통해 발전시킬 것이다.

둘째, 적의 강·약점을 분석하는 분석틀의 필요성을 제안하는 의견이 있었는데, 이것은 구체적인 정책 제언 측면에서 매우 중요한 의견이다. 그런데 이 연구가 정책 제언을 하는 논문이 아니기에, 여기서는 전략적 접근방안을 제시하는 수준에서 연구를 진행하고 추후 연구를 통해 정책 부서에서 활용 가능한 분석틀을 발전시키고자 한다.

## Q2) 연구자는 비대칭성 창출의 4대 핵심 요인이 상호 작용하여 융·복합될 때 비대칭성 창출의 효과성이 증대된다고 보는데, 타당한가? 추가 및 보완할 사항은?

필자처럼 군사전문가들도 비대칭성 창출의 4대 핵심 요인이 각 요소별 단독으로 작용할 때보다 상호작용하여 융·복합될 때 비대칭성 창출의 효과성이 증대된다고 분석한다.

단지, 군사전문가들은 사례 분석을 통해 비대칭성 창출의 4대 핵심 요인이 어떻게 상호작용하여 융·복합되는지를 구체적인 사례를 분석하여 제시해 줄 것을 주문했다. 따라서 본문의 사례 분석에 부분에 이를 추가했다.

## Q3) 기타 비대칭성 창출 관련 연구에 도움이 될 만한 의견이 있으면 개진해 주시길 당부드립니다.

설문에 응답한 대부분의 군사전문가들은 비대칭성과 군사혁신을 상호 연계하여 최초로 연구한 비대칭성 기반의 군사혁신 연구에 대해 높이 평가해 주며, 한국군 '국방혁신 4.0'에 시사점을 줄 수 있다는 점에 대해 긍정적으로 평가해 주었다.

또한, 비대칭성 기반의 군사혁신에 관한 연구에 도움을 주는 군사전문가들의 다양한 조언을 통해 본 연구를 보완하면서 향후 연구과제를 선정하는 계기가 되었다.

첫째, 설문에 응답한 『중국 국방혁신』의 저자는 미·중 전략적 경쟁 속에서 진행 중인 중국의 군사혁신은 전쟁을 통해 효과를 검증해 본 적이 없기에 미·중 워게임 결과를 인용하여 중국의 비대칭성 기반 군사혁신 효과를 객관적으로 증명할 수 있을 것이란 의견을 제시하여 본문에 이 내용을 추가로 보완하여 제시했다.

둘째, 본 연구가 정성적 분석에 의한 질적 연구이기에 향후 연구에서 데이터를 활용한 정량적 연구를 통해 객관적이고 과학적인 분석을 추가해 줄 것을 요구했다. 따라서 본 연구에서는 연구 범위 및 방법상 제한되기에 향후 수행할 연구를 통해 비대칭성 관련 정량적 지표를 개발하여 정량적 연구를 수행하고자 한다.

셋째, 향후 연구에서 북핵 문제에 대한 비대칭적인 군사적 접근 방안 제시를 요구하는 군사전문가도 있었다. 따라서 연구 범위에 북핵 문제를 제외한 본 연구에서 이 문제를 다루기 제한되기에 향후 수행할 연구를 통해 북핵 문제에 대한 전략적 접근 방법도 연구하고자 한다.

# 국방혁신 4.0의 비밀코드
# 비대칭성 기반의
# 한국형 군사혁신
## (Asymmetric K-RMA)

초판 1쇄 인쇄  2024년  3월  15일
초판 1쇄 발행  2024년  3월  20일

저자       신치범
감수       주은식
펴낸이     박정태
편집이사   이명수           감수교정       정하경
편집부     김동서, 전상은
마케팅     박명준, 박두리     온라인마케팅    박용대
경영지원   최윤숙

펴낸곳     주식회사 광문각출판미디어
출판등록   2022. 9. 2 제2022-000102호
주소       파주시 파주출판문화도시 광인사길 161 광문각 B/D 3층
전화       031-955-8787   팩스        031-955-3730
E-mail    kwangmk7@hanmail.net
홈페이지   www.kwangmoonkag.co.kr

ISBN      979-11-93205-19-8   93390
가격      20,000원